公益財団法人 日本数学検定協会

まえがき

このたびは，『実用数学技能検定　過去問題集　算数検定』（９～11級）を手に取っていただきありがとうございます。

当協会の行う「実用数学技能検定」は，小学校で習う範囲のものを「算数検定」，中学校以上で習うものを「数学検定」と区分し，総称を「数検」として親しまれています。

実用数学技能検定11級（小学校１年生程度）～９級（小学校３年生程度）で扱われる内容は，たとえば「数と計算」領域においては四則計算の基礎などが挙げられ，小学校４年生以降で扱われる学習内容を試行錯誤して取り組むために必要なものとなります。

平成29（2017）年に告示された小学校学習指導要領では，その基本的なねらいとして，『子供たちが未来社会を切り拓くための資質・能力を一層確実に育成することを目指す』ことが記されています。そして，各教科を通じて，『(1)知識及び技能の習得，(2)思考力，判断力，表現力等の育成，(3)学びに向かう力，人間性等の涵養（かんよう）』の実現が謳（うた）われています。さらに，小学校の算数科では，数学的活動を通して『日常の事象を数理的に捉え，算数の問題を見いだし，問題を自立的，協働的に解決し，学習の過程を振り返り，概念を形成するなどの学習の充実を図る』ことが示されています。こうした観点からも幼少期における数学的活動の経験は，これからの課題を発見し解決していくために重要な要素であり，小学校１～３年生でのさまざまな成功体験が数学的な見方・考え方を働かせることにつながります。

本書は，これまでに出題した検定問題を過去問題集としてまとめたものですが，無理のない範囲で取り組める内容であり，学びの成功体験が得やすくなっています。さらに，ご家庭での生活の中で算数を使う場面を与えることによって，学びに対する姿勢に変化が訪れ，物事を抽象的に捉えることやその内容を具体的な場面で活用することができるようになり，未来社会を切り拓くための資質・能力が育まれていくでしょう。

算数検定へのチャレンジを通して，問題に対して前向きに取り組むお子さんを見守っていただくとともに，時には一緒に学び合う環境を作っていただければ幸いです。

公益財団法人 日本数学検定協会

目　次

別冊 各問題の解答と解説は別冊に掲載されています。
本体から取り外して使うこともできます。

検定概要

「実用数学技能検定」とは

「実用数学技能検定」（後援＝文部科学省。対象：1～11級）は，数学・算数の実用的な技能（計算・作図・表現・測定・整理・統計・証明）を測る「記述式」の検定で，公益財団法人日本数学検定協会が実施している全国レベルの実力・絶対評価システムです。

検定階級

1級，準1級，2級，準2級，3級，4級，5級，6級，7級，8級，9級，10級，11級，かず・かたち検定のゴールドスター，シルバースターがあります。おもに，数学領域である1級から5級までを「数学検定」と呼び，算数領域である6級から11級，かず・かたち検定までを「算数検定」と呼びます。

1次：計算技能検定／2次：数理技能検定

数学検定（1～5級）には，計算技能を測る「1次：計算技能検定」と数理応用技能を測る「2次：数理技能検定」があります。算数検定（6～11級，かず・かたち検定）には，1次・2次の区分はありません。

「実用数学技能検定」の特長とメリット

①「記述式」の検定

解答を記述することで，答えに至る過程や結果について理解しているかどうかをみることができます。

②学年をまたぐ幅広い出題範囲

準1級から10級までの出題範囲は，目安となる学年とその下の学年の2学年分または3学年分にわたります。１年前，2年前に学習した内容の理解についても確認することができます。

③取り組みがかたちになる

検定合格者には「合格証」を発行します。算数検定では，合格点に満たない場合でも，「未来期待証」を発行し，算数の学習への取り組みを証します。

合格証

未来期待証

受検方法

受検方法によって，検定日や検定料，受検できる階級や申込方法などが異なります。くわしくは公式サイトでご確認ください。

個人受検

個人受検とは，協会が全国主要都市に設けた個人受検会場で受検する方法です。検定は年に３回実施します。

提携会場受検

提携会場受検とは，協会が提携した機関が設けた会場で受検する方法です。実施する検定回や階級は，会場ごとに異なります。

団体受検

団体受検とは，学校や学習塾などで受検する方法です。団体が選択した検定日に実施されます。くわしくは学校や学習塾にお問い合わせください。

検定日当日の持ち物

階級 / 持ち物	1～5級		6～8級	9～11級	かず・かたち検定
	1次	2次			
受検証（写真貼付）※1	必須	必須	必須	必須	
鉛筆またはシャープペンシル（黒のＨＢ・Ｂ・２Ｂ）	必須	必須	必須	必須	必須
消しゴム	必須	必須	必須	必須	必須
ものさし（定規）		必須	必須	必須	
コンパス		必須	必須		
分度器			必須		
電卓（算盤）※2		使用可			

※1　個人受検と提携会場受検のみ

※2　使用できる電卓の種類　○一般的な電卓　○関数電卓　○グラフ電卓

通信機能や印刷機能をもつもの，携帯電話・スマートフォン・電子辞書・パソコンなどの電卓機能は使用できません。

階級の構成

	階級	構成	検定時間	出題数	合格基準	目安となる学年
数学検定	1級	1次： 計算技能検定 2次： 数理技能検定 があります。 はじめて受検するときは1次・2次両方を受検します。	1次：60分 2次：120分	1次：7問 2次：2題必須・5題より2題選択	1次： 全問題の70%程度 2次： 全問題の60%程度	大学程度・一般
	準1級					高校3年程度 （数学Ⅲ程度）
	2級		1次：50分 2次：90分	1次：15問 2次：2題必須・5題より3題選択		高校2年程度 （数学Ⅱ・数学B程度）
	準2級			1次：15問 2次：10問		高校1年程度 （数学Ⅰ・数学A程度）
	3級		1次：50分 2次：60分	1次：30問 2次：20問		中学校3年程度
	4級					中学校2年程度
	5級					中学校1年程度
算数検定	6級	1次／2次の区分はありません。	50分	30問	全問題の70%程度	小学校6年程度
	7級					小学校5年程度
	8級					小学校4年程度
	9級		40分	20問		小学校3年程度
	10級					小学校2年程度
	11級					小学校1年程度
かず・かたち検定	ゴールドスター			15問	10問	幼児
	シルバースター					

10級の検定基準(抄)

検定の内容	技能の概要	目安となる学年
百の位までのたし算・ひき算，かけ算の意味と九九，簡単な分数，三角形・四角形の理解，正方形・長方形・直角三角形の理解，箱の形，長さ・水のかさと単位，時間と時計の見方，人数や個数の表やグラフ など	**身近な生活に役立つ基礎的な算数技能** ①商品の代金・おつりの計算ができる。 ②同じ数のまとまりから，全体の数を計算できる。 ③リボンの長さ・コップに入る水の体積を単位を使って表すことができる。 ④身の回りにあるものを分類し，整理して簡単な表やグラフに表すことができる。	小学校2年程度
個数や順番，整数の意味と表し方，整数のたし算・ひき算，長さ・広さ・水の量などの比較，時計の見方，身の回りにあるものの形とその構成，前後・左右などの位置の理解，個数を表す簡単なグラフ など	**身近な生活に役立つ基礎的な算数技能** ①画用紙などを合わせた枚数や残りの枚数を計算して求めることができる。 ②鉛筆などの長さを，他の基準となるものを用いて比較できる。 ③缶やボールなど身の回りにあるものの形の特徴をとらえて，分けることができる。	小学校1年程度

10級の検定内容の構造

小学校２年程度	小学校１年程度	特有問題
45%	45%	10%

※割合はおおよその目安です。
※検定内容の10%にあたる問題は，実用数学技能検定特有の問題です。

10級

算数検定

実用数学技能検定®

［文部科学省後援］

第1回

第1回　〔検定時間〕40分

検定上の注意

1. 自分が受検する階級の問題用紙であるか確認してください。
2. 検定開始の合図があるまで問題用紙を開かないでください。
3. 解答用紙に名前・受検番号・生年月日を書いてください。
4. この表紙の右下のらんに，名前・受検番号を書いてください。
5. 答えはぜんぶ解答用紙に書いてください。
6. ものさしを使うことができます。電卓は使えません。
7. 携帯電話は電源を切り，検定中に使わないでください。
8. 検定が終わったら，この問題用紙を解答用紙といっしょに集めます。

名前	
受検番号	－

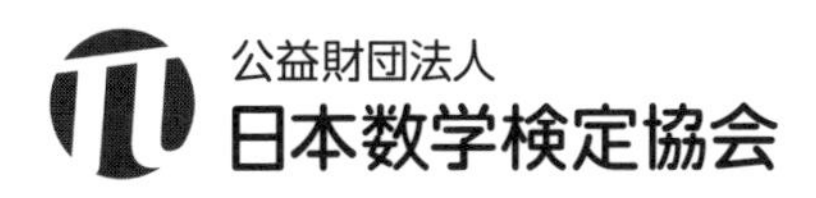

1 つぎの 計算（けいさん）を しましょう。 （計算技能）

（1） 8＋8

（2） 13－9

（3） 90－30

（4） 71＋7

（5） 13－3－5

（6） 48＋82

（7） 114－67

（8） 436＋48

（9） 5×6

（10） 7×7

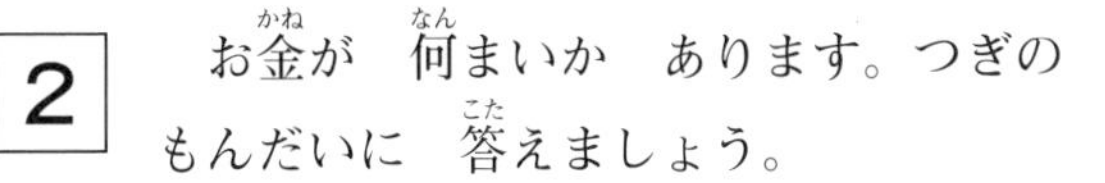

2　お金が　何まいか　あります。つぎの
もんだいに　答えましょう。

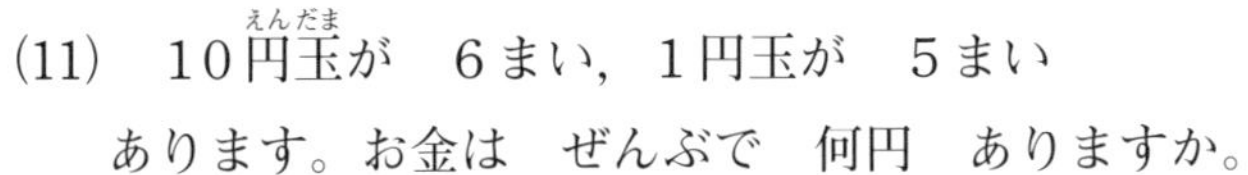

(11)　10円玉が　6まい，1円玉が　5まい
ありります。お金は　ぜんぶで　何円　ありますか。

(12)　10円玉を　あつめて　120円に　する　とき，10円玉は
何まい　いりますか。

3　あ，い，う，えの　入れものに　水が　入って　います。水を コップに　うつすと，下の　絵のように　なります。つぎの もんだいに　答えましょう。　　　　　　　　　　（測定技能）

(13)　あに　入って　いる　水は，うに　入って　いる　水より，コップ 何ばい分　多いですか。

(14)　水が　いちばん　多く　入って　いる　入れものは，どれですか。 あから　えまでの　中から　1つ　えらびましょう。

4 ある　店では　色紙が　１まい　８円で売られて　います。つぎの　もんだいに答えましょう。

(15)　りくとさんは　この　色紙を　５まい買いました。だい金は　何円ですか。

(16)　よしきさんは　この　色紙を　９まい　買うために，１００円玉を出しました。おつりは　何円ですか。

5 長方形に　ついて，つぎの　もんだいに　答えましょう。

(17)　右の　図のように，長方形に　２本の　直線を　ひいて，４つに　分けます。三角形と　四角形は　それぞれ　いくつ　できますか。

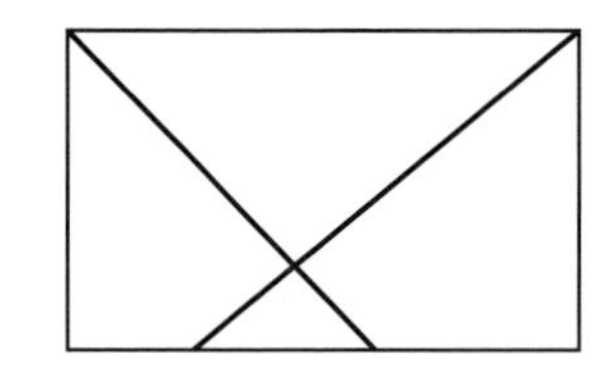

(18)　解答用紙の　長方形に　直線を　１本　ひいて，２つの　直角三角形に　分けましょう。　(作図技能)

6 おり紙に　ついて，つぎの　もんだいに　答えましょう。

（整理技能）

(19)　下の　図のように，おり紙を　2つに　おった　あと，▨の　ぶぶんを　切ります。おり紙を　ひらくと，どのような　形に　なりますか。ⓐから　ⓔまでの　中から　1つ　えらびましょう。

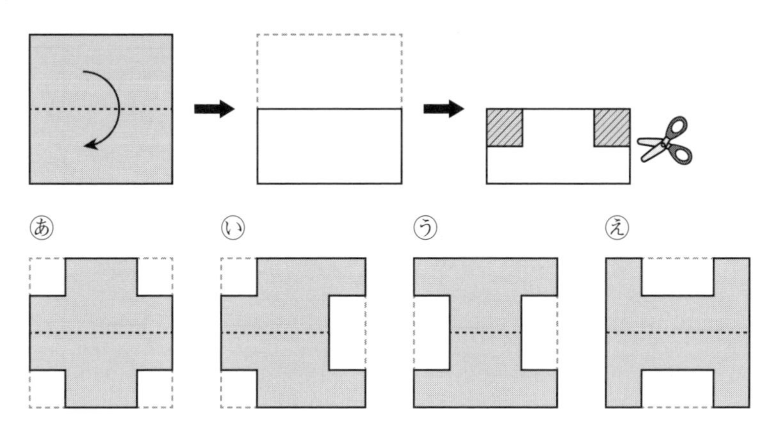

(20)　下の　図のように，おり紙を　2つに　おった　あと，もう　1回　2つに　おり，◸の　ぶぶんを　切ります。おり紙を　ひらくと，どのような　形に　なりますか。ⓚから　ⓝまでの　中から　1つ　えらびましょう。

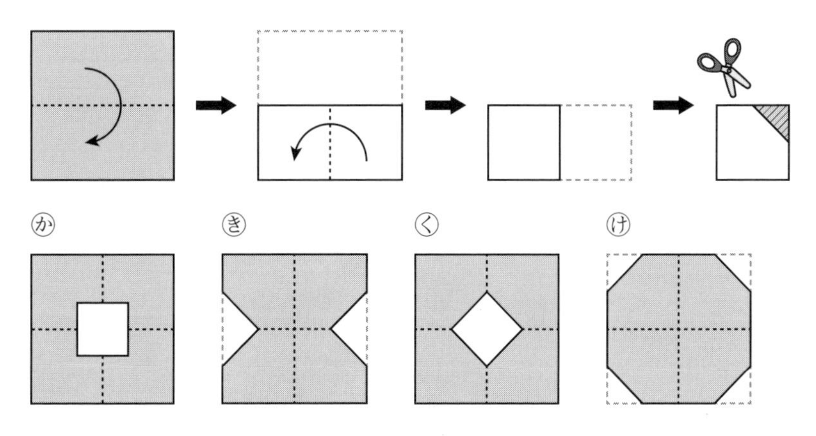

算数検定 解答用紙 第 1 回 10級

1	(1)	
	(2)	
	(3)	
	(4)	
	(5)	
	(6)	
	(7)	
	(8)	
	(9)	
	(10)	

●答え(こた)を直す(なお)ときは、消し(け)ゴムできれいに消し(け)てください。
●答え(こた)は、解答用紙(かいとうようし)にはっきりと書い(か)てください。

太(ふと)わくの部分(ぶぶん)は必ず(かなら)記入(きにゅう)してください。

ここにバーコードシールをはってください。

ふりがな		受検番号
姓	名	—
生年月日	大正 昭和 平成 西暦 年 月 日生	
性別（□をぬりつぶしてください）男□ 女□		年齢 歳
住所	□□□-□□□□	/20

公益財団法人 日本数学検定協会

実用数学技能検定 10級

2	(11)	円
	(12)	まい
3	(13)	はい
	(14)	
4	(15)	円
	(16)	円
5	(17)	三角形 つ ／ 四角形 つ
	(18)	
6	(19)	
	(20)	

●この検定が実施された日時を書いてください。
日付：（　）年（　）月（　）日
時間：（　）時（　）分～（　）時（　）分

●時間のある人はアンケートにご協力ください。あてはまるものの□をぬりつぶしてください。

算数・数学は得意ですか。 はい □　いいえ □	検定時間はどうでしたか。 短い □　よい □　長い □	問題の内容はどうでしたか。 難しい □　ふつう □　易しい □

おもしろかった問題は何番ですか。1 ～ 6 までの中から2つまで選び，ぬりつぶしてください。
1　2　3　4　5　6　（よい例 ■1　悪い例 ☑）

監督官から「この検定問題は，本日開封されました」という宣言を聞きましたか。
（　はい □　いいえ □　）

検定をしているとき，監督官はずっといましたか。（　はい □　いいえ □　）

Memo

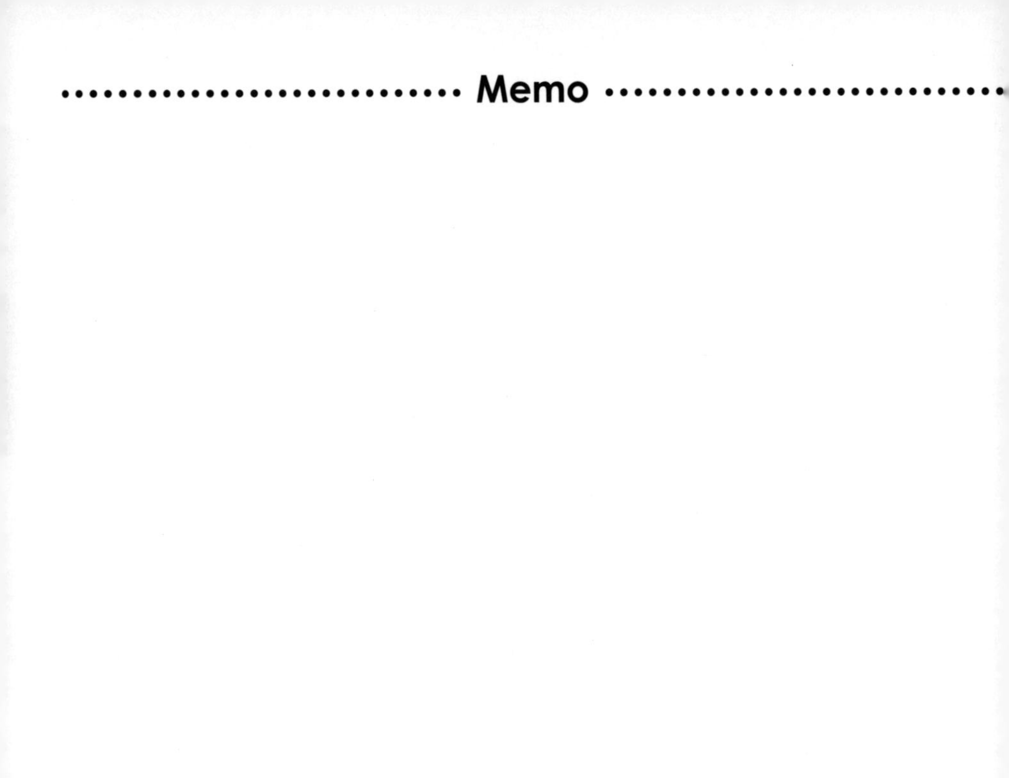

10級

算数検定

実用数学技能検定®

［文部科学省後援］

第2回

第2回　〔検定時間〕40分

検定上の注意

1．自分が受検する階級の問題用紙であるか確認してください。
2．検定開始の合図があるまで問題用紙を開かないでください。
3．解答用紙に名前・受検番号・生年月日を書いてください。
4．この表紙の右下のらんに，名前・受検番号を書いてください。
5．答えはぜんぶ解答用紙に書いてください。
6．ものさしを使うことができます。電卓は使えません。
7．携帯電話は電源を切り，検定中に使わないでください。
8．検定が終わったら，この問題用紙を解答用紙といっしょに集めます。

名前	
受検番号	－

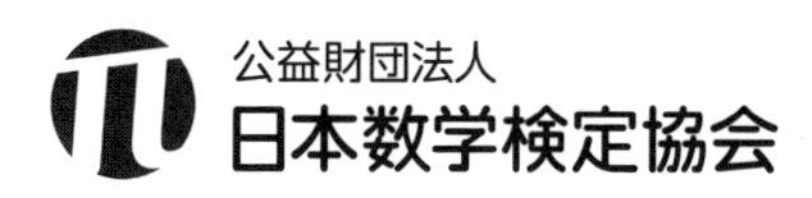

1 つぎの　計算(けいさん)を　しましょう。　(計算技能)

（1） 8＋3

（2） 16－9

（3） 30＋40

（4） 59－5

（5） 17－7－7

（6） 33＋89

（7） 125－78

（8） 871－64

（9） 5×3

(10) 9×9

2 　あめが　いくつか　あります。あかねさんは　6こ，あおいさんは　4こ，みどりさんは　4こ　もって　います。つぎの　もんだいに　答(こた)えましょう。

(11)　3人(にん)が　もって　いる　あめは，ぜんぶで　何(なん)こですか。

(12)　あかねさんが　2こ，みどりさんが　3こ　食(た)べました。3人が　もって　いる　あめは，ぜんぶで　何こ　のこって　いますか。

3 (あ)，(い)，(う)の　入れものに　水が　入って　います。水を　コップに　うつすと，下の　絵のように　なります。つぎの　もんだいに　答えましょう。　　(測定技能)

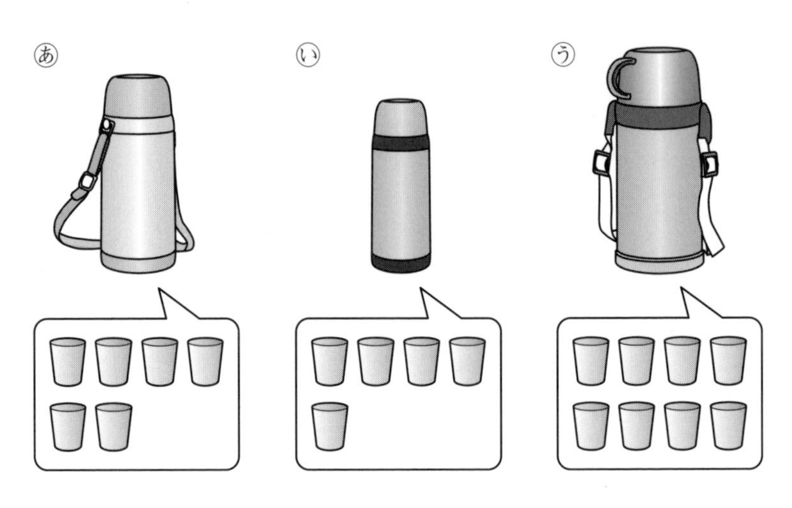

(13)　(あ)に　入って　いる　水は，(い)に　入って　いる　水より　コップ　何ばい分　多いですか。

(14)　入って　いる　水が　いちばん　少ない　入れものは　どれですか。(あ)，(い)，(う)の　中から　1つ　えらびましょう。

4 右の　図は，８のだんの　九九です。
つぎの　もんだいに　答えましょう。

(15)　８のだんの　九九では，かける数が　１ふえると　答えは　いくつ　ふえますか。

(16)　８のだんの　ほかに，８×３と　同じ答えに　なる　九九の　しきを，ぜんぶ書きましょう。

８のだんの　九九
８×１＝　８
８×２＝16
８×３＝□
８×４＝32
８×５＝40
８×６＝48
８×７＝56
８×８＝64
８×９＝72
↑ かける数

5 ひご(ぼう)と　ねん土玉を　つかって，右のような　はこの　形を　作ります。つぎの　もんだいに　答えましょう。

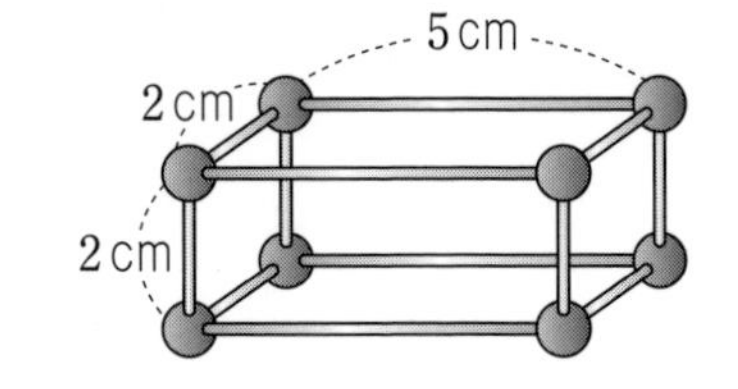

(17)　ねん土玉は，ぜんぶで　何こ　つかいますか。

(18)　5cmの　ひごは，ぜんぶで　何本　つかいますか。

6

交さ点に，[1]，[2]，[3]の　うち，どれか　1まいの　カードが　おいて　あります。交さ点を　通る　ときは，下の　ルールに　したがって　すすんで　いきます。

ルール

- [1]…すすんで　きた　方こうから，右に　まがって　すすむ。
- [2]…すすんで　きた　方こうから，左に　まがって　すすむ。
- [3]…すすんで　きた　方こうの　まま，まっすぐ　すすむ。

たとえば，右の　<れい>で，☆から　出ぱつすると，[1]の　カードで　右に　まがり，[2]の　カードで　左に　まがって，★に　つきます。

<れい>

★
[1]　[2]
☆

つぎの　もんだいに　答えましょう。

(整理技能)

(19)　図1で，なつきさんは　◇から　出ぱつしました。なつきさんは，どこに　つきますか。㋐から　㋖までの　中から　1つ　えらびましょう。

図1

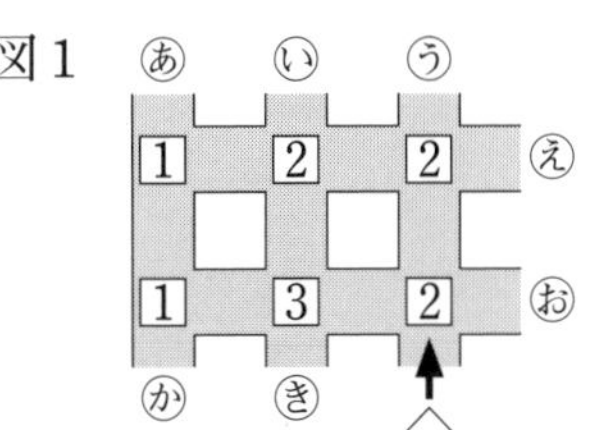

(20)　図2で，あきなさんは　△から　出ぱつし，▲に　つきました。このとき，ア，イの　交さ点に　おいて　ある　カードの　数字を　答えましょう。

図2

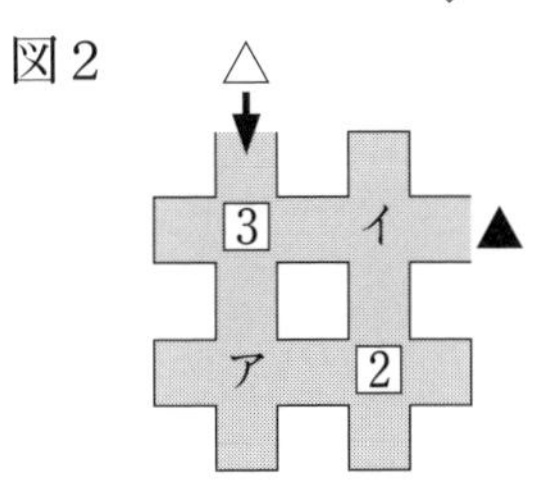

算数検定 解答用紙（かいとうようし） 第 2 回 10級

1		
	(1)	
	(2)	
	(3)	
	(4)	
	(5)	
	(6)	
	(7)	
	(8)	
	(9)	
	(10)	

●答え（こた）を直す（なお）ときは、消し（け）ゴムできれいに消し（け）てください。
●答え（こた）は、解答用紙（かいとうようし）にはっきりと書い（か）てください。

ここにバーコードシールをはってください。

太（ふと）わくの部分（ぶぶん）は必ず（かなら）記入（きにゅう）してください。

ふりがな		受検番号（じゅけんばんごう）
姓（せい）	名（めい）	—
生年月日（せいねんがっぴ）	大正（たいしょう） 昭和（しょうわ） 平成（へいせい） 西暦（せいれき） 年（ねん） 月（がつ） 日（にち） 生（うまれ）	
性別（せいべつ）（□をぬりつぶしてください） 男（おとこ）□ 女（おんな）□	年齢（ねんれい） 歳（さい）	
住所（じゅうしょ）	□□□-□□□□	/20

公益財団法人 日本数学検定協会

実用数学技能検定 10級

2	(11)	こ
	(12)	こ
3	(13)	はい
	(14)	
4	(15)	
	(16)	
5	(17)	こ
	(18)	本
6	(19)	
	(20)	ア　　イ

●この検定が実施された日時を書いてください。
日付：（　）年（　）月（　）日
時間：（　）時（　）分～（　）時（　）分

第2回

●時間のある人はアンケートにご協力ください。あてはまるものの□をぬりつぶしてください。

算数・数学は得意ですか。 はい □　いいえ □	検定時間はどうでしたか。 短い □　よい □　長い □	問題の内容はどうでしたか。 難しい □　ふつう □　易しい □

おもしろかった問題は何番ですか。1～6までの中から2つまで選び，ぬりつぶしてください。

1　2　3　4　5　6　　（よい例 1　悪い例 ✓）

監督官から「この検定問題は，本日開封されました」という宣言を聞きましたか。
（ はい □　いいえ □ ）

検定をしているとき，監督官はずっといましたか。（ はい □　いいえ □ ）

Memo

10 級

さんすうけんてい
算数検定
実用数学技能検定®
［文部科学省後援］

第3回　〔検定時間〕40分

第3回

検定上の注意

1. 自分が受検する階級の問題用紙であるか確認してください。
2. 検定開始の合図があるまで問題用紙を開かないでください。
3. 解答用紙に名前・受検番号・生年月日を書いてください。
4. この表紙の右下のらんに，名前・受検番号を書いてください。
5. 答えはぜんぶ解答用紙に書いてください。
6. ものさしを使うことができます。電卓は使えません。
7. 携帯電話は電源を切り，検定中に使わないでください。
8. 検定が終わったら，この問題用紙を解答用紙といっしょに集めます。

下記の「個人情報の取扱い」についてご同意いただいたうえでご提出ください。

【このフォームでお預かりするすべての個人情報の取り扱いについて】

1. 事業者の名称　公益財団法人日本数学検定協会
2. 個人情報保護管理者の職名，所属および連絡先
   管理者職名：個人情報保護管理者
   所属部署：事務局　事務局次長　連絡先：03-5812-8340
3. 個人情報の利用目的　受検者情報の管理，採点，本人確認のため。
4. 個人情報の第三者への提供　団体窓口経由でお申込みの場合は，検定結果を通知するために，申し込み情報，氏名，受検階級，成績を，Webでのお知らせまたはFAX，送付，電子メール添付などにより，お申し込みもとの団体様に提供します。
5. 個人情報取り扱いの委託　前項利用目的の範囲に限って個人情報を外部に委託することがあります。
6. 個人情報の開示等の請求　ご本人様はご自身の個人情報の開示等に関して，下記の当協会お問い合わせ窓口に申し出ることができます。その際，当協会はご本人様を確認させていただいたうえで，合理的な対応を期間内にいたします。
   【問い合わせ窓口】
   公益財団法人日本数学検定協会　検定問い合わせ係
   〒110-0005 東京都台東区上野 5-1-1 文昌堂ビル 6 階
   TEL：03-5812-8340　電話問い合わせ時間 月～金 9:30-17:00
   （祝日・年末年始・当協会の休業日を除く）
7. 個人情報を提供されることの任意性について
   ご本人様が当協会に個人情報を提供されるかどうかは任意によるものです。ただし正しい情報をいただけない場合，適切な対応ができない場合があります。

名前	
受検番号	－

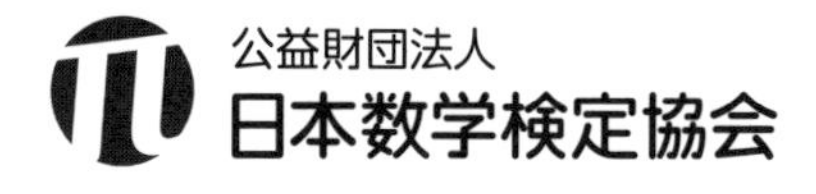

1 つぎの 計算(けいさん)を しましょう。 (計算技能)

(1) 7＋5

(2) 11－7

(3) 80－30

(4) 41＋6

(5) 12－2＋4

(6) 35＋52

(7) 91－76

(8) 200＋400

(9) 4×5

(10) 8×7

2 下の　絵のように，子どもが　１れつに　ならんで　走って
います。つぎの　もんだいに　答えましょう。

(11)　かずとさんは，前から　何番めですか。

(12)　ゆうなさんは，後ろから　何番めですか。

3 下の　絵は，あゆみさんが　朝　おきた　ときと，夜　ねた　ときの　時計です。つぎの　もんだいに　答えましょう。

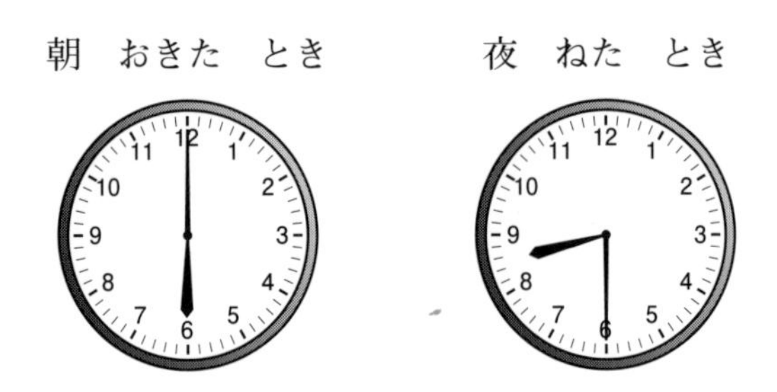

(13)　朝　おきたのは　何時ですか。

(14)　夜　ねたのは　何時何分ですか。

4　赤い　色紙が　８５まい，青い色紙が　６１まい　あります。
つぎの　もんだいに　答えましょう。

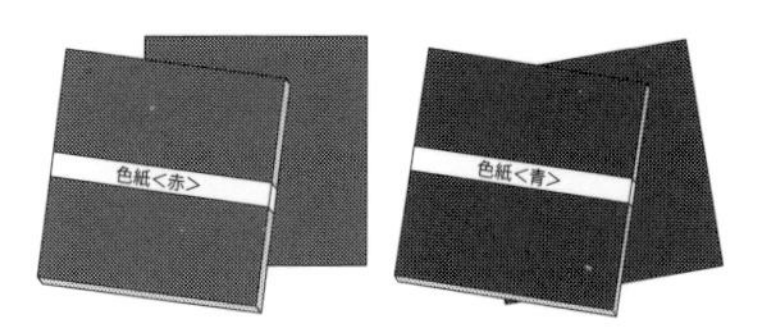

(15)　色紙は　ぜんぶで　何まいありますか。

(16)　赤い　色紙を，３７人の　子どもに　１まいずつ　くばりました。のこった　赤い　色紙は　何まいですか。しきと　答えを書きましょう。　　(表現技能)

5 下の　図を　見て，つぎの　もんだいに　答えましょう。

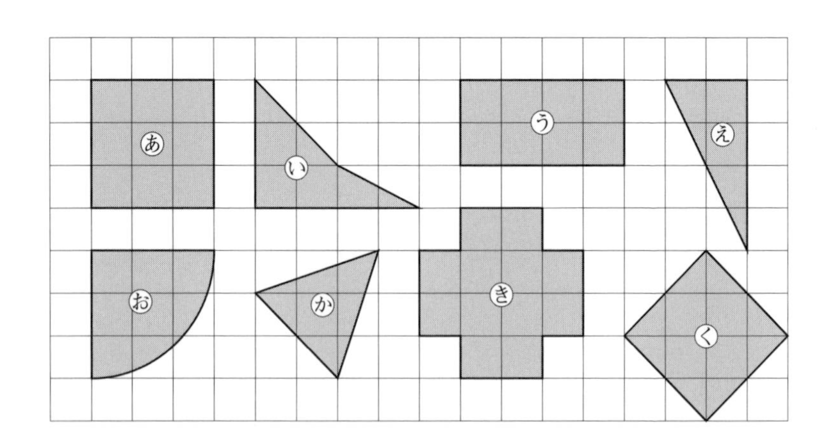

(17)　三角形は　どれと　どれですか。㋐から　㋗までの　中から　2つ　えらびましょう。

(18)　正方形は　どれと　どれですか。㋐から　㋗までの　中から　2つ　えらびましょう。

6

0, 1, 2, 3, 4, 5, 6, 7, 8, 9の 数字(すうじ)が 書(か)いて ある カードが それぞれ たくさん あります。これらの カードを つかって，下(した)のように，1から 100までの 数(かず)を 1つずつ つくります。

1	2	3	4	5	6	7	8	9	10
11	12	13	14	15	16	17	18	19	20
21	22	23	24	25	26	27	28	29	30
⋮	⋮	⋮	⋮	⋮	⋮	⋮	⋮	⋮	⋮

つぎの もんだいに 答(こた)えましょう。 (整理技能)

(19) 0の カードは ぜんぶで 何(なん)まい つかいますか。

(20) 5の カードは ぜんぶで 何まい つかいますか。

π 算数検定 解答用紙 第 3 回 10級

1		
	(1)	
	(2)	
	(3)	
	(4)	
	(5)	
	(6)	
	(7)	
	(8)	
	(9)	
	(10)	

●答えを直すときは、消しゴムできれいに消してください。
●答えは、解答用紙にはっきりと書いてください。

ここにバーコードシールをはってください。

太わくの部分は必ず記入してください。

ふりがな		受検番号
姓	名	—
生年月日	大正 昭和 平成 西暦 年 月 日生	
性別（□をぬりつぶしてください）男□ 女□		年齢 歳
住所	□□□-□□□□	/20

公益財団法人 日本数学検定協会

実用数学技能検定 10級

2	(11)	番め
	(12)	番め
3	(13)	時
	(14)	時　　分
4	(15)	まい
	(16)	（しき） （答え）　　まい
5	(17)	と
	(18)	と
6	(19)	まい
	(20)	まい

●この検定が実施された日時を書いてください。
日付：（　）年（　）月（　）日
時間：（　）時（　）分～（　）時（　）分

第3回

●時間のある人はアンケートにご協力ください。あてはまるものの□をぬりつぶしてください。

算数・数学は得意ですか。	検定時間はどうでしたか。	問題の内容はどうでしたか。
はい □　いいえ □	短い □　よい □　長い □	難しい □　ふつう □　易しい □

おもしろかった問題は何番ですか。 1 ～ 6 までの中から2つまで選び，ぬりつぶしてください。

1　2　3　4　5　6　（よい例 1　悪い例 ✓）

監督官から「この検定問題は，本日開封されました」という宣言を聞きましたか。
（ はい □　いいえ □ ）

検定をしているとき，監督官はずっといましたか。（ はい □　いいえ □ ）

Memo

10級

算数検定

実用数学技能検定®
［文部科学省後援］

第4回　〔検定時間〕40分

検定上の注意

1. 自分が受検する階級の問題用紙であるか確認してください。
2. 検定開始の合図があるまで問題用紙を開かないでください。
3. 解答用紙に名前・受検番号・生年月日を書いてください。
4. この表紙の右下のらんに，名前・受検番号を書いてください。
5. 答えはぜんぶ解答用紙に書いてください。
6. ものさしを使うことができます。電卓は使えません。
7. 携帯電話は電源を切り，検定中に使わないでください。
8. 検定が終わったら，この問題用紙を解答用紙といっしょに集めます。

下記の「個人情報の取扱い」についてご同意いただいたうえでご提出ください。
【このフォームでお預かりするすべての個人情報の取り扱いについて】
1．事業者の名称　公益財団法人日本数学検定協会
2．個人情報保護管理者の職名，所属および連絡先
　管理者職名：個人情報保護管理者
　所属部署：事務局　事務局次長　連絡先：03-5812-8340
3．個人情報の利用目的　受検者情報の管理，採点，本人確認のため。
4．個人情報の第三者への提供　団体窓口経由でお申込みの場合は，検定結果を通知するために，申し込み情報，氏名，受検階級，成績を，Web でのお知らせまたは FAX，送付，電子メール添付などにより，お申し込みもとの団体様に提供します。
5．個人情報取り扱いの委託　前項利用目的の範囲に限って個人情報を外部に委託することがあります。
6．個人情報の開示等の請求　ご本人様はご自身の個人情報の開示等に関して，下記の当協会お問い合わせ窓口に申し出ることができます。その際，当協会はご本人様を確認させていただいたうえで，合理的な対応を期間内にいたします。
　【問い合わせ窓口】
　公益財団法人日本数学検定協会　検定問い合わせ係
　〒110-0005 東京都台東区上野 5-1-1 文昌堂ビル6階
　TEL：03-5812-8340　電話問い合わせ時間 月～金 9:30-17:00
　（祝日・年末年始・当協会の休業日を除く）
7．個人情報を提供されることの任意性について
　ご本人様が当協会に個人情報を提供されるかどうかは任意によるものです。ただし正しい情報をいただけない場合，適切な対応ができない場合があります。

名前	
受検番号	－

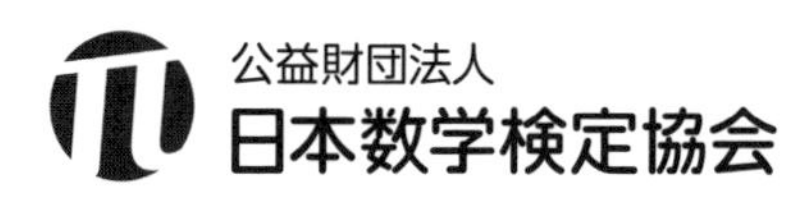

1 つぎの 計算(けいさん)を しましょう。 (計算技能)

(1) 3＋9

(2) 16－8

(3) 40＋30

(4) 87－6

(5) 18－8－7

(6) 49＋35

(7) 116－69

(8) 870－28

(9) 4×7

(10) 6×9

2 つぎの　もんだいに　答(こた)えましょう。

(11)　□に　あてはまる　数(かず)を　答えましょう。

6は　4と　□を　合(あ)わせた　数です。

(12)　ボタンが　ぜんぶで　9こ　あります。カードの　下(した)に　何(なん)こ　かくれて　いますか。

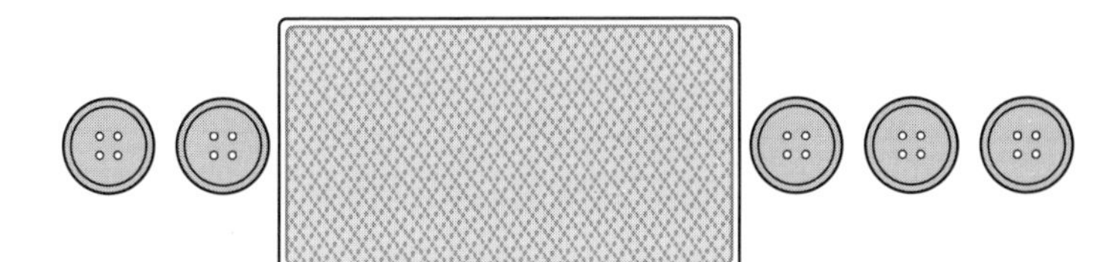

3 たくやさんは，朝(あさ)　おきた　ときと　夜(よる)　ねる　ときに　時計(とけい)を　見(み)ました。下(した)の　絵(え)を　見て，つぎの　もんだいに　答(こた)えましょう。

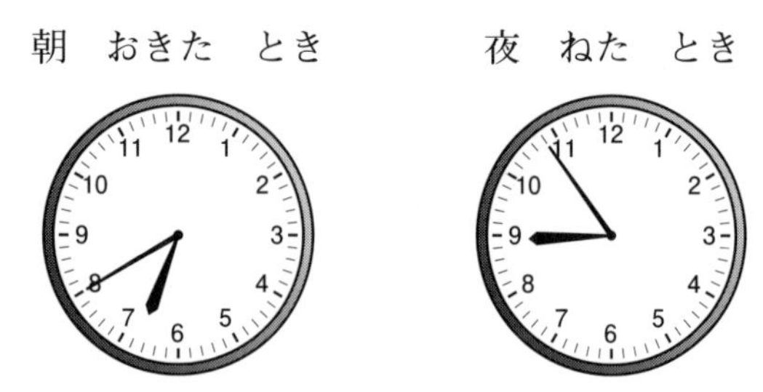

(13)　朝　おきたのは　何時何分(なんじなんぷん)ですか。

(14)　夜　ねたのは　何時何分ですか。

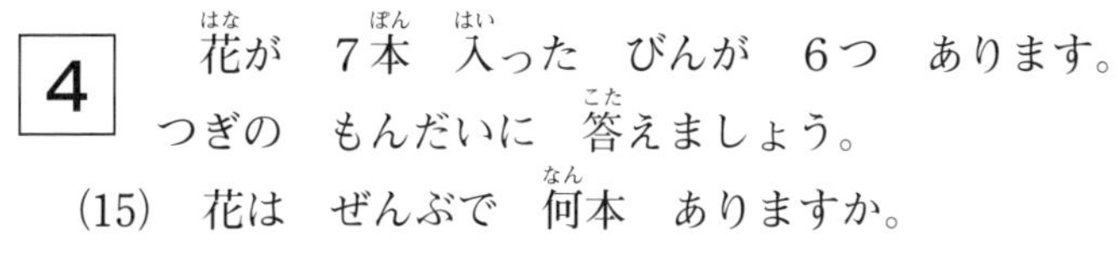

4　花が　7本　入った　びんが　6つ　あります。
つぎの　もんだいに　答えましょう。

(15)　花は　ぜんぶで　何本　ありますか。

(16)　この　びんが　3つ　ふえると，花は
ぜんぶで　何本に　なりますか。しきと　答えを
書きましょう。　　　　　　　　　　　（表現技能）

5 下の 図を 見て，つぎの もんだいに 答えましょう。

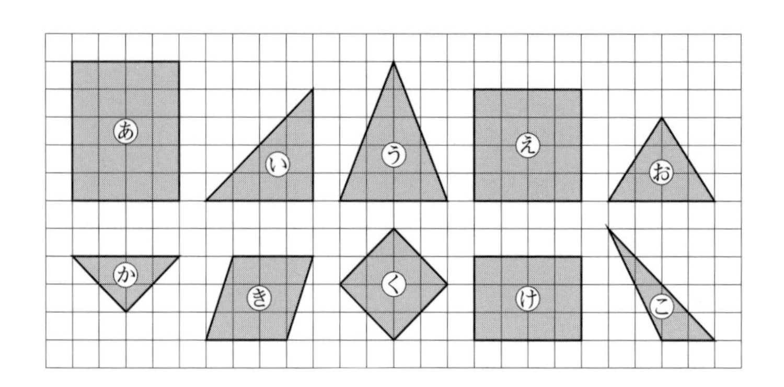

(17) 正方形は どれと どれですか。あから こまでの 中から 2つ えらびましょう。

(18) 直角三角形は どれと どれですか。あから こまでの 中から 2つ えらびましょう。

6 へやの　角に　同じ　大きさの　つみ木を　つみます。
図1のように　つんで，前から　見ると，図2のように　見えます。

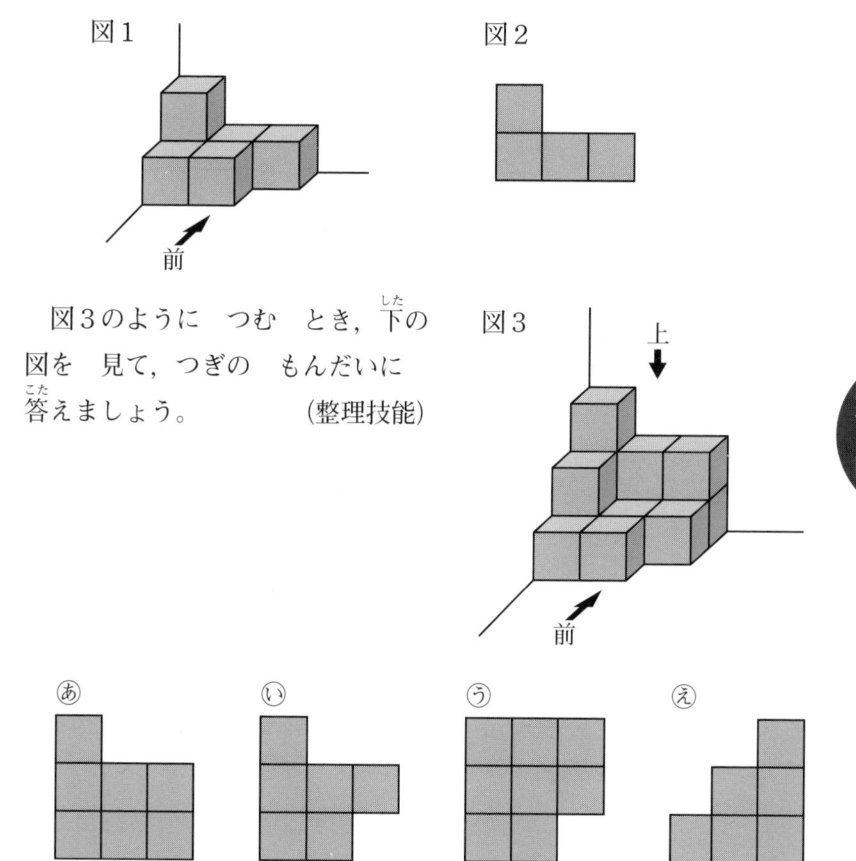

図3のように　つむ　とき，下の図を　見て，つぎの　もんだいに答えましょう。　(整理技能)

(19)　図3を　前から　見た　とき，つみ木は　どのように　見えますか。
　ⓐから　ⓔまでの　中から　1つ　えらびましょう。

(20)　図3を　上から　見た　とき，つみ木は　どのように　見えますか。
　ⓐから　ⓔまでの　中から　1つ　えらびましょう。

算数検定 解答用紙 第 4 回 10級

1		
	(1)	
	(2)	
	(3)	
	(4)	
	(5)	
	(6)	
	(7)	
	(8)	
	(9)	
	(10)	

●答えを直すときは、消しゴムできれいに消してください。
●答えは、解答用紙にはっきりと書いてください。

ここにバーコードシールをはってください。

太わくの部分は必ず記入してください。

ふりがな		受検番号
姓	名	—
生年月日	大正 昭和 平成 西暦 年 月 日生	
性別（□をぬりつぶしてください）男□ 女□	年齢 歳	
住所	□□□-□□□□	/20

公益財団法人 日本数学検定協会

実用数学技能検定 10級

2	(11)	
	(12)	こ
3	(13)	時　　分
	(14)	時　　分
4	(15)	本
	(16)	(しき) (答え)　　本
5	(17)	と
	(18)	と
6	(19)	
	(20)	

●この検定が実施された日時を書いてください。

日付：（　）年（　）月（　）日

時間：（　）時（　）分～（　）時（　）分

第4回

●時間のある人はアンケートにご協力ください。あてはまるものの□をぬりつぶしてください。

算数・数学は得意ですか。	検定時間はどうでしたか。	問題の内容はどうでしたか。
はい □　いいえ □	短い □　よい □　長い □	難しい □　ふつう □　易しい □

おもしろかった問題は何番ですか。 1 ～ 6 までの中から2つまで選び，ぬりつぶしてください。

1　2　3　4　5　6　　（よい例 ■　悪い例 ☑ ）

監督官から「この検定問題は，本日開封されました」という宣言を聞きましたか。

（ はい □　いいえ □ ）

検定をしているとき，監督官はずっといましたか。（ はい □　いいえ □ ）

Memo

10級

さんすうけんてい
算数検定

実用数学技能検定®

［文部科学省後援］

第5回　〔検定時間〕40分

検定上の注意

1. 自分が受検する階級の問題用紙であるか確認してください。
2. 検定開始の合図があるまで問題用紙を開かないでください。
3. 解答用紙に名前・受検番号・生年月日を書いてください。
4. この表紙の右下のらんに，名前・受検番号を書いてください。
5. 答えはぜんぶ解答用紙に書いてください。
6. ものさしを使うことができます。電卓は使えません。
7. 携帯電話は電源を切り，検定中に使わないでください。
8. 検定が終わったら，この問題用紙を解答用紙といっしょに集めます。

下記の「個人情報の取扱い」についてご同意いただいたうえでご提出ください。

【このフォームでお預かりするすべての個人情報の取り扱いについて】

1. 事業者の名称　公益財団法人日本数学検定協会
2. 個人情報保護管理者の職名，所属および連絡先
   管理者職名：個人情報保護管理者
   所属部署：事務局　事務局次長　連絡先：03-5812-8340
3. 個人情報の利用目的　受検者情報の管理，採点，本人確認のため。
4. 個人情報の第三者への提供　団体窓口経由でお申込みの場合は，検定結果を通知するために，申し込み情報，氏名，受検階級，成績を，Webでのお知らせまたはFAX，送付，電子メール添付などにより，お申し込みもとの団体様に提供します。
5. 個人情報取り扱いの委託　前項利用目的の範囲に限って個人情報を外部に委託することがあります。
6. 個人情報の開示等の請求　ご本人様はご自身の個人情報の開示等に関して，下記の当協会お問い合わせ窓口に申し出ることができます。その際，当協会はご本人様を確認させていただいたうえで，合理的な対応を期間内にいたします。
   【問い合わせ窓口】
   公益財団法人日本数学検定協会　検定問い合わせ係
   〒110-0005 東京都台東区上野5-1-1 文昌堂ビル6階
   TEL：03-5812-8340　電話問い合わせ時間 月～金 9:30-17:00
   （祝日・年末年始・当協会の休業日を除く）
7. 個人情報を提供されることの任意性について
   ご本人様が当協会に個人情報を提供されるかどうかは任意によるものです。ただし正しい情報をいただけない場合，適切な対応ができない場合があります。

名前	
受検番号	－

第5回

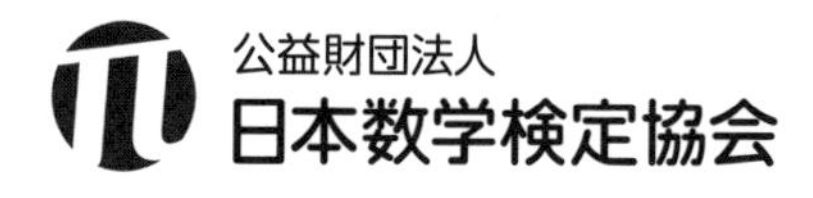

1 つぎの　計算(けいさん)を　しましょう。　(計算技能)

(1)　$4+8$

(2)　$16-7$

(3)　$20+70$

(4)　$49-8$

(5)　$8+2-7$

(6)　$37+84$

(7)　$104-75$

(8)　$590-47$

(9)　4×9

(10)　7×6

2　つぎの □ には，どんな　数(かず)が　入(はい)りますか。下(した)の　数の線(せん)を見(み)て　答(こた)えましょう。

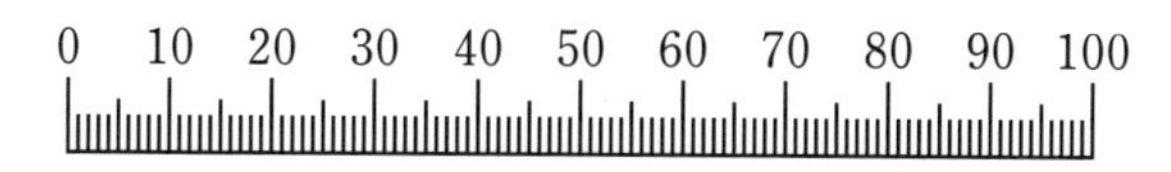

(11)　10を　5こと，1を　3こ　合(あ)わせた　数は　□ です。

(12)　80より　7　小(ちい)さい　数は　□ です。

3 　あつしさんは，電車で　おじさんの　家に　行きました。下の時計を　見て，つぎの　もんだいに　答えましょう。

電車に　のった　とき

電車から　おりた　とき

(13)　あつしさんが　電車に　のったのは　何時何分ですか。

(14)　あつしさんが　電車から　おりたのは　何時何分ですか。

4　あめが　8こ　入った　ふくろを　7つ　買いました。つぎの　もんだいに　答えましょう。

(15)　あめは　ぜんぶで　何こ　ありますか。しきと　答えを　書きましょう。　（表現技能）

(16)　買った　あめを　9人に　3こずつ　くばると，あめは　何こ　のこりますか。

5 右の　図の　はこの　形に　ついて，つぎの　もんだいに　答えましょう。

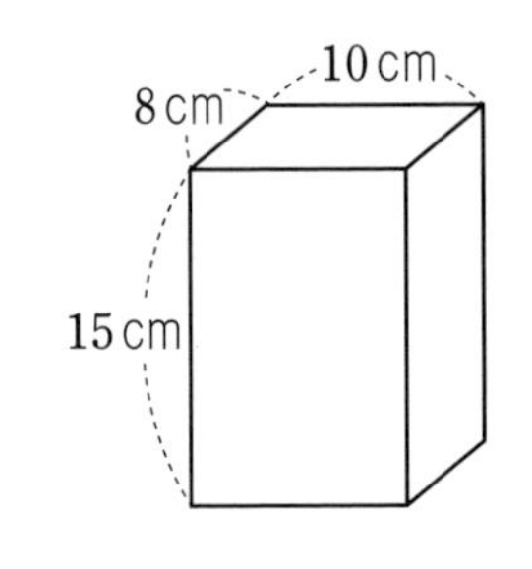

(17)　ちょう点は　いくつ　ありますか。

(18)　下の　四角形の　中で，この　はこの　面に　ない　形は　どれですか。ⓐから　ⓔまでの　中から　1つ　えらびましょう。

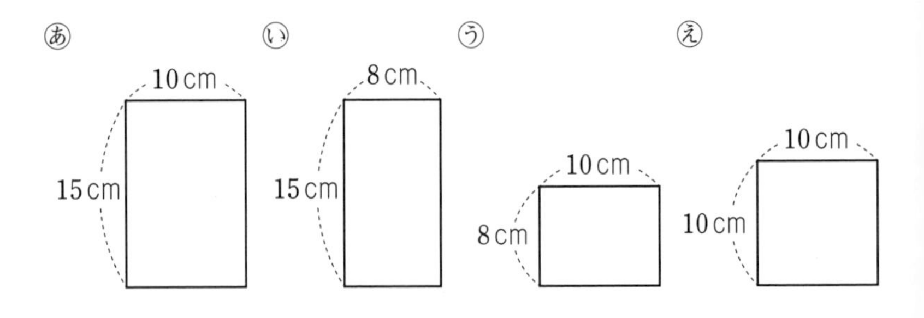

6　□と ○が じゅん番に つながって いる 形が あり，それぞれの 中に 数が 入って います。図1のように，○の 中の 数は つないだ 2つの □の 中の 数を たした 答えに なって います。つぎの もんだいに 答えましょう。

（整理技能）

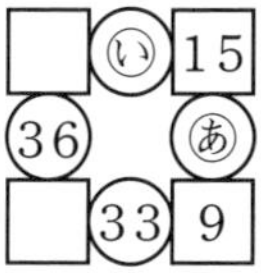

(19)　図2の ㋐に あてはまる 数を 答えましょう。

(20)　図2の ㋑に あてはまる 数を 答えましょう。

図1

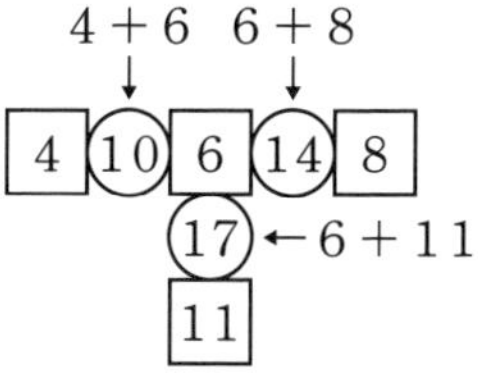

4＋6　6＋8

4 (10) 6 (14) 8

(17) ←6＋11

11

図2

□ (㋑) 15

(36)　(㋐)

□ (33) 9

算数検定　解答用紙　第 5 回　10級

1	(1)	
	(2)	
	(3)	
	(4)	
	(5)	
	(6)	
	(7)	
	(8)	
	(9)	
	(10)	

●答え(こた)を直す(なお)ときは、消し(け)ゴムできれいに消し(け)してください。
●答え(こた)は、解答用紙(かいとうようし)にはっきりと書い(か)てください。

ここにバーコードシールをはってください。

太(ふと)わくの部分(ぶぶん)は必ず(かなら)記入(きにゅう)してください。

ふりがな		受検番号
姓	名	―
生年月日	大正 昭和 平成 西暦　年　月　日生	
性別（□をぬりつぶしてください）男□　女□		年齢　歳
住所	□□□-□□□□	/20

公益財団法人 日本数学検定協会

実用数学技能検定 10級

2	(11)	
	(12)	
3	(13)	時　　分
	(14)	時　　分
4	(15)	（しき） （答え）　　こ
	(16)	こ
5	(17)	つ
	(18)	
6	(19)	
	(20)	

●この検定が実施された日時を書いてください。
日付：（　）年（　）月（　）日
時間：（　）時（　）分～（　）時（　）分

●時間のある人はアンケートにご協力ください。あてはまるものの□をぬりつぶしてください。

算数・数学は得意ですか。 はい □　いいえ □	検定時間はどうでしたか。 短い □　よい □　長い □	問題の内容はどうでしたか。 難しい □　ふつう □　易しい □

おもしろかった問題は何番ですか。 1 ～ 6 までの中から2つまで選び，ぬりつぶしてください。

1　2　3　4　5　6　　（よい例 1　悪い例 ✓）

監督官から「この検定問題は，本日開封されました」という宣言を聞きましたか。
（　はい □　いいえ □　）

検定をしているとき，監督官はずっといましたか。　（　はい □　いいえ □　）

第5回

Memo

10級

算数検定

実用数学技能検定®

[文部科学省後援]

第6回　〔検定時間〕40分

検定上の注意

1. 自分が受検する階級の問題用紙であるか確認してください。
2. 検定開始の合図があるまで問題用紙を開かないでください。
3. 解答用紙に名前・受検番号・生年月日を書いてください。
4. この表紙の右下のらんに，名前・受検番号を書いてください。
5. 答えはぜんぶ解答用紙に書いてください。
6. ものさしを使うことができます。電卓は使えません。
7. 携帯電話は電源を切り，検定中に使わないでください。
8. 検定が終わったら，この問題用紙を解答用紙といっしょに集めます。

下記の「個人情報の取扱い」についてご同意いただいたうえでご提出ください。

【このフォームでお預かりするすべての個人情報の取り扱いについて】

1. 事業者の名称　公益財団法人日本数学検定協会
2. 個人情報保護管理者の職名，所属および連絡先
   管理者職名：個人情報保護管理者
   所属部署：事務局　事務局次長　連絡先：03-5812-8340
3. 個人情報の利用目的　受検者情報の管理，採点，本人確認のため。
4. 個人情報の第三者への提供　団体窓口経由でお申込みの場合は，検定結果を通知するために，申し込み情報，氏名，受検階級，成績を，Webでのお知らせまたはFAX，送付，電子メール添付などにより，お申し込みもとの団体様に提供します。
5. 個人情報取り扱いの委託　前項利用目的の範囲に限って個人情報を外部に委託することがあります。
6. 個人情報の開示等の請求　ご本人様はご自身の個人情報の開示等に関して，下記の当協会お問い合わせ窓口に申し出ることができます。その際，当協会はご本人様を確認させていただいたうえで，合理的な対応を期間内にいたします。
   【問い合わせ窓口】
   公益財団法人日本数学検定協会　検定問い合わせ係
   〒110-0005 東京都台東区上野 5-1-1 文昌堂ビル6階
   TEL：03-5812-8340　電話問い合わせ時間 月～金 9:30-17:00
   （祝日・年末年始・当協会の休業日を除く）
7. 個人情報を提供されることの任意性について
   ご本人様が当協会に個人情報を提供されるかどうかは任意によるものです。ただし正しい情報をいただけない場合，適切な対応ができない場合があります。

名前	
受検番号	－

第6回

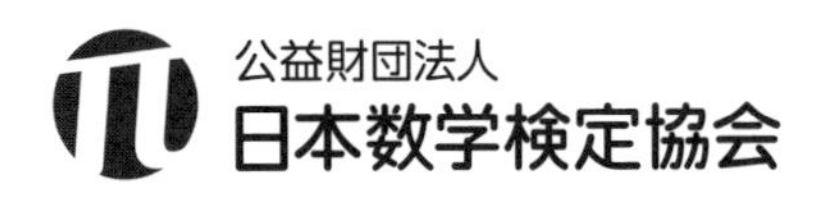

1 つぎの 計算(けいさん)を しましょう。 (計算技能)

(1) 6＋6

(2) 13−8

(3) 60＋20

(4) 77−2

(5) 9−5＋3

(6) 56＋94

(7) 106−89

(8) 714＋58

(9) 4×8

(10) 7×9

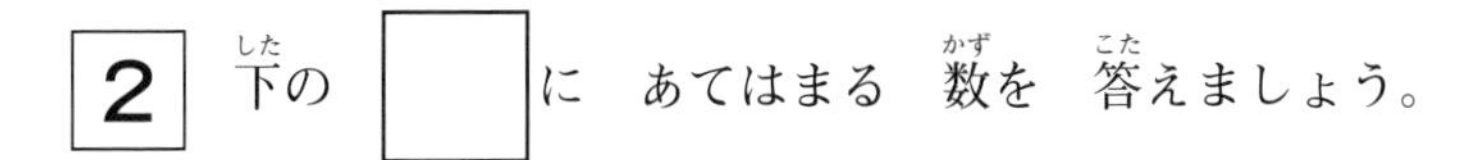

2 下の □ に　あてはまる　数を　答えましょう。

(11)

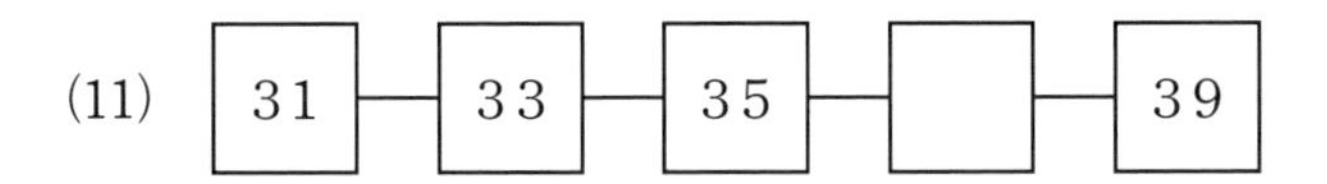

(12)

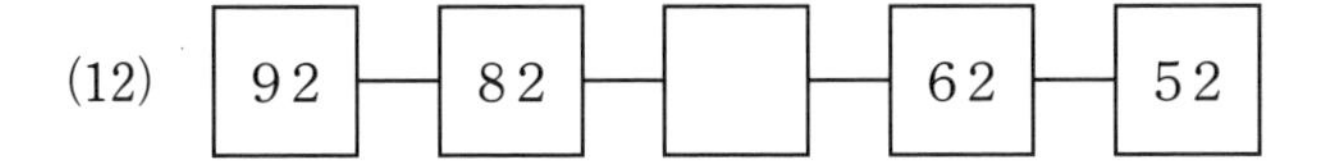

3 下の　絵を　見て，つぎの　もんだいに　答えましょう。

㋐　はこの　形　　㋑　つつの　形　　㋒　ボールの　形

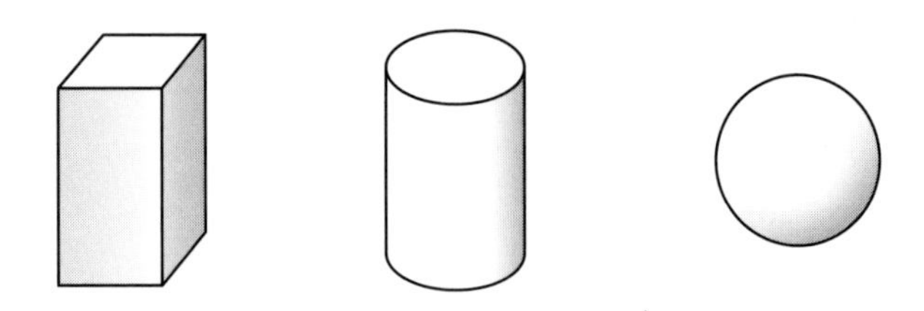

(13)　テニスボールは　どの　形と　同じですか。㋐，㋑，㋒の　中から　1つ　えらびましょう。

(14)　チーズの　入れものは　どの　形と　同じですか。㋐，㋑，㋒の　中から　1つ　えらびましょう。

4 下の　図の　直線と　線の　長さは　何cm 何mm ですか。
ものさしを　つかって　はかりましょう。　　　　　　　　　（測定技能）

(15)　直線

(16)　線

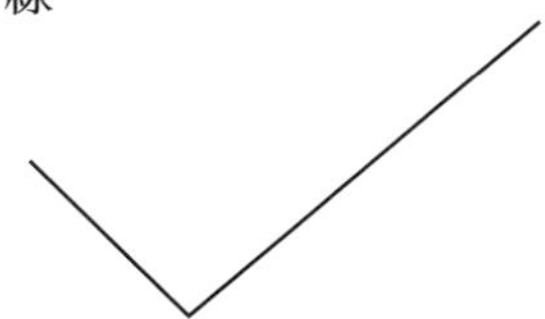

5 つぎの　もんだいに　答(こた)えましょう。

(17)　右(みぎ)の　図(ず)のように，長方形(ちょうほうけい)に　２本(ほん)の直線(ちょくせん)を　ひいて，長方形を　４つに分(わ)けます。三角形(さんかくけい)と　四角形(しかくけい)は　それぞれいくつ　できますか。

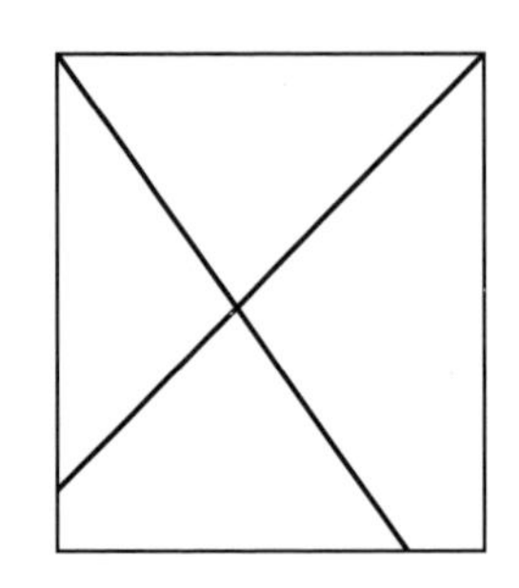

(18)　解答用紙(かいとうようし)の　正方形(せいほうけい)を　２つの　三角形に　分けます。ものさしをつかって，直線を　１本　ひきましょう。　(作図技能)

6 下の 図のように，ある きまりに したがって，つみ木を つんで 形を 作ります。つぎの もんだいに 答えましょう。

(整理技能)

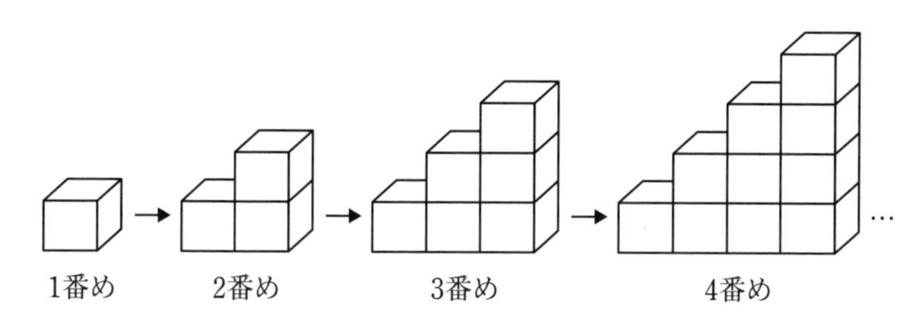

(19) 5番めの 形は，4番めの 形より つみ木を 何こ 多く つかいますか。

(20) 6番めの 形は，つみ木を 何こ つかいますか。

算数検定　解答用紙　第 6 回　10級

1		
	(1)	
	(2)	
	(3)	
	(4)	
	(5)	
	(6)	
	(7)	
	(8)	
	(9)	
	(10)	

●答えを直すときは、消しゴムできれいに消してください。
●答えは、解答用紙にはっきりと書いてください。

太わくの部分は必ず記入してください。

ここにバーコードシールをはってください。

ふりがな		受検番号
姓	名	—
生年月日	大正 昭和 平成 西暦　年　月　日生	
性別（□をぬりつぶしてください）男□ 女□		年齢　歳
住所	□□□-□□□□	/20

公益財団法人 日本数学検定協会

2	(11)	
	(12)	
3	(13)	
	(14)	
4	(15)	cm　mm
	(16)	cm　mm
5	(17)	三角形　つ ┊ 四角形　つ
	(18)	
6	(19)	こ
	(20)	こ

●この検定が実施された日時を書いてください。
日付：（　）年（　）月（　）日
時間：（　）時（　）分～（　）時（　）分

●時間のある人はアンケートにご協力ください。あてはまるものの□をぬりつぶしてください。

算数・数学は得意ですか。	検定時間はどうでしたか。	問題の内容はどうでしたか。
はい □　いいえ □	短い □　よい □　長い □	難しい □　ふつう □　易しい □

おもしろかった問題は何番ですか。1 ～ 6 までの中から2つまで選び，ぬりつぶしてください。

1　2　3　4　5　6　（よい例 1　悪い例 ✓）

監督官から「この検定問題は，本日開封されました」という宣言を聞きましたか。（ はい □　いいえ □ ）

検定をしているとき，監督官はずっといましたか。（ はい □　いいえ □ ）

◉執筆協力：株式会社 シナップス
◉DTP：株式会社 千里
◉装丁デザイン：星 光信（Xing Design）
◉装丁イラスト：たじま なおと

◉編集担当：吉野 薫・阿部 加奈子

実用数学技能検定　過去問題集　算数検定10級

2021年4月30日　初　版発行
2024年2月12日　第4刷発行

編　者　公益財団法人 日本数学検定協会

発行者　髙田 忍

発行所　公益財団法人 日本数学検定協会
〒110-0005 東京都台東区上野五丁目1番1号
FAX 03-5812-8346
https://www.su-gaku.net/

発売所　丸善出版株式会社
〒101-0051 東京都千代田区神田神保町二丁目17番
TEL 03-3512-3256　FAX 03-3512-3270
https://www.maruzen-publishing.co.jp/

印刷・製本　倉敷印刷株式会社

ISBN978-4-901647-97-7　C0041

実用数学技能検定® 数検

過去問題集 10級

〈別冊〉

解答と解説

※本体からとりはずすこともできます。

10

公益財団法人 日本数学検定協会

10級　第1回　実用数学技能検定　P.10~P.15

1

(1) 8+8=16

2　6

8を　2と　6に　分けます。
8と　2を　たして　10
10と　6を　たして　16

答え　16

(2) 13−9=4

3　6

9を　3と　6に　分けます。
13から　3を　ひいて　10
10から　6を　ひいて　4

答え　4

(3) 90は　10が　9つ
30は　10が　3つ　＞ひくと　10が　9−3=6(つ)だから
90−30=60

答え　60

(4) 71+7=78

70　1

71を　70と　1に　分けます。
1と　7を　たして　8
70と　8を　たして　78

答え　78

(5) 前から　じゅんに　計算します。

13−3−5　❶13−3=10
❷10−5=5

13−3−5=5

答え　5

(6) ひっ算で　計算します。

```
    1
    4 8
 +  8 2
 ───────
  1 3 0  ←8+2=10
```

十のくらいに　1　くり上げる

くり上げた　1を　たして
1+4+8=13

答え　130

(7)　ひっ算で　計算します。

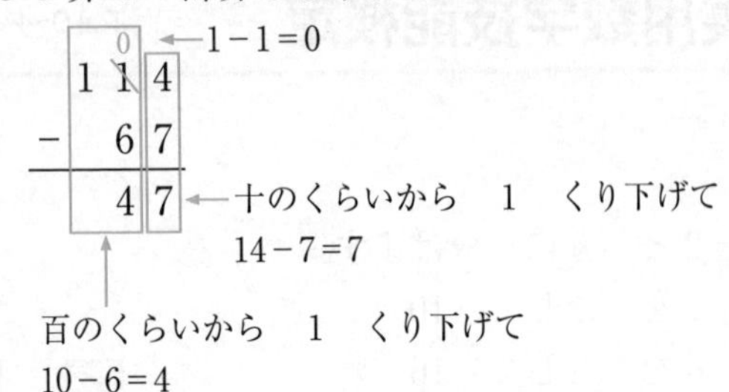

答え　47

(8)　ひっ算で　計算します。

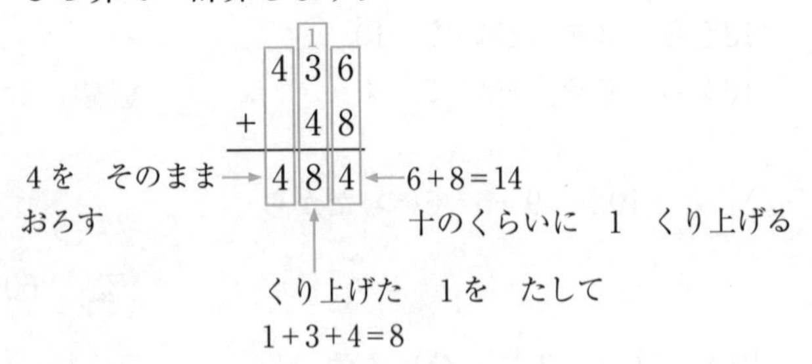

答え　484

(9)　5のだんの　九九を　つかいます。

5×6＝30　五六（ごろく）　30

答え　30

(10)　7のだんの　九九を　つかいます。

7×7＝49　七七（しちしち）　49

答え　49

2

(11)

10円玉が　6まいで	6	0円
1円玉が　5まいで		5円
合わせて	6	5円

答え　65円

別の解き方

10円玉　6まい分なので　かけ算を　つかいます。

10×6＝60(円)

1円玉　5まい分なので　かけ算を　つかいます。

1×5＝5(円)

ぜんぶの　数なので　たし算を　つかいます。

60＋5＝65(円)

⑿ 120円を　100円と　20円に　分けます。

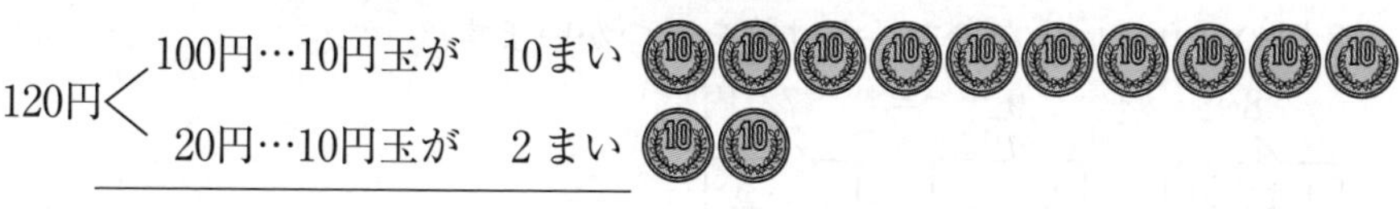

120円 ＜ 100円…10円玉が　10まい
　　　 ＜ 20円…10円玉が　2まい

合わせて　10円玉が　12まい

答え　12まい

3

水を　うつした　コップの　数で　くらべます。

⒀ あ

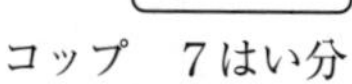

コップ　7はい分

う

コップ　4はい分

あの　ほうが，コップ　3ばい分　多いです。

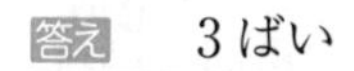

答え　3ばい

⒁ あ

コップ　7はい分

い

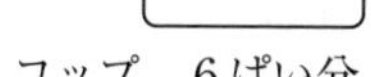

コップ　6ぱい分

う

コップ　4はい分

え

コップ　8ぱい分

水が　いちばん　多く　入って　いる　入れものは，えです。

答え　え

4

⒂ 色紙は　1まい　8円です。
8円の　5まい分なので　かけ算を　つかいます。

8　×　5　＝　40(円)

1まいのねだん　／　買ったまい数　／　だい金

答え　40円

⒃　色紙　9まいの　だい金を　もとめます。

8円の　9まい分なので　かけ算を　つかいます。

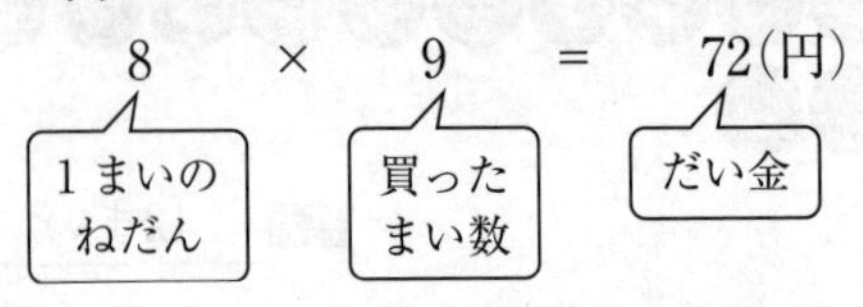

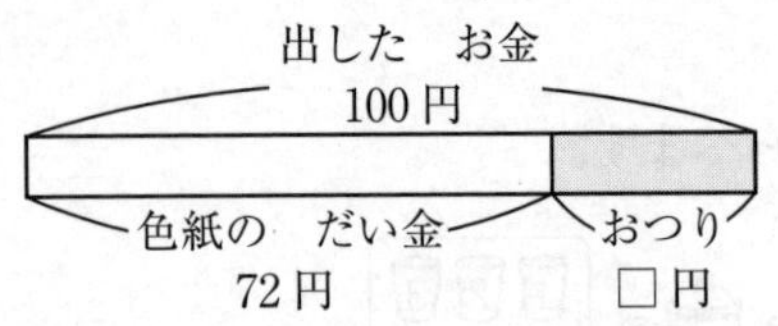

おつりは，100円から　色紙の　だい金を　ひいた　数なので　ひき算を　つかいます。

$100-72=28$(円)

```
    9
  1 0 0   ← 百のくらいから　1　くり下げて　10−1=9
−   7 2
    2 8   ← 十のくらいから　1　くり下げて　10−2=8
    ↑
  9−7=2
```

答え　28円

5

⒄　三角形は，3本の　直線で　かこまれた　形です。

三角形は　下の　2つです。

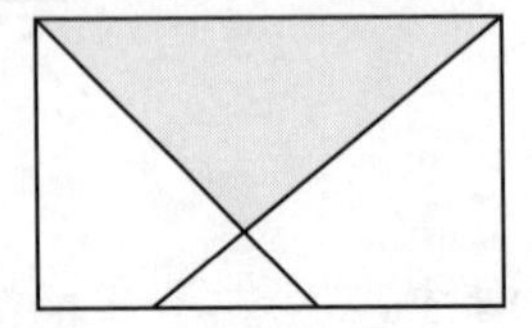

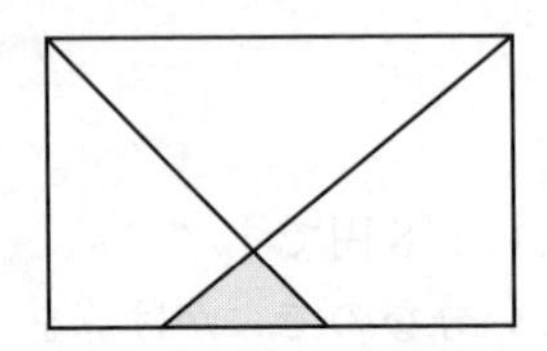

四角形は，4本の　直線で　かこまれた　形です。

四角形は　下の　2つです。

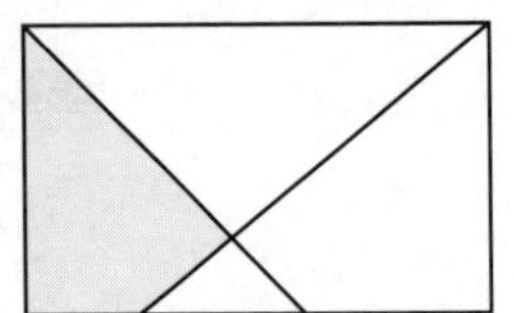

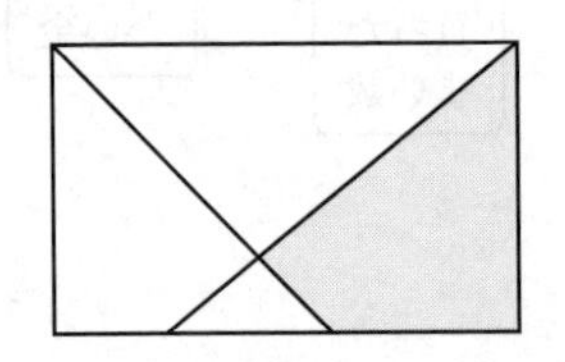

答え　三角形　2つ，四角形　2つ

⒅　直角三角形は，直角の　かどが　ある　三角形です。長方形の　4つの　かどは　みんな　直角に　なって　います。

下のように　直線を　ひくと　2つの　直角三角形に　分けられます。

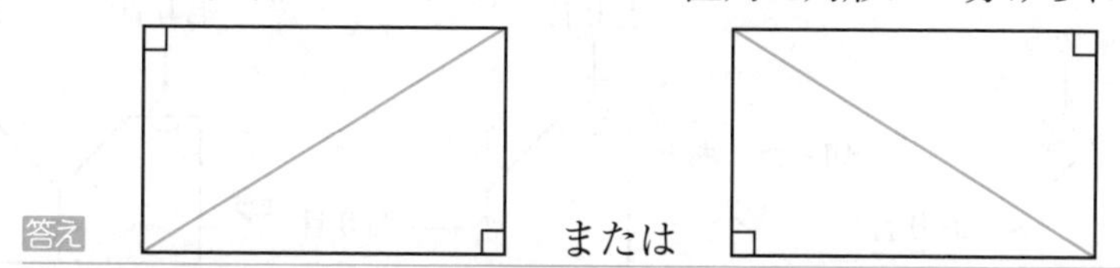

6

⒆　切る　ぶぶんと　おり目の　いちを　見て，切った　あとの　形と，ひらいた　ときの　形を　くらべます。

切った　あとの　形は，おり目の　左右　りょうほうが　切れて　います。

㋒

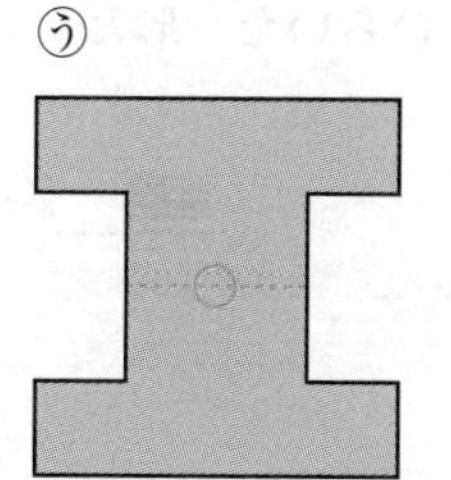

おり目の　左右　りょうほうが　切れて　いるのは　㋒です。

答え　㋒

（たしかめ方）

切った　あとの　おり紙を　ひらきます。

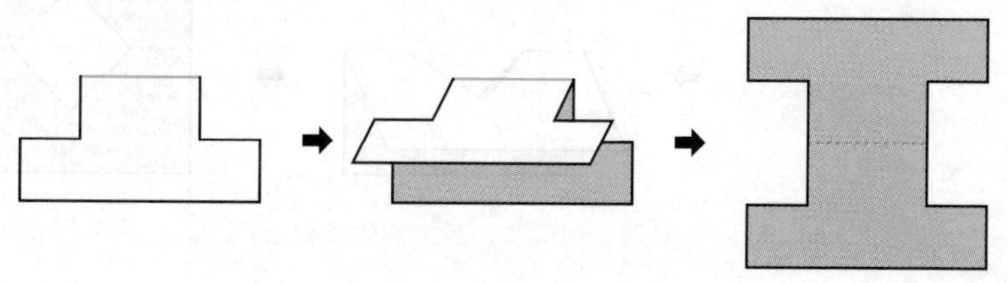

⒇ 切る ぶぶんと おり目の いちを 見て，切った あとの 形と，ひらいた ときの 形を くらべます。

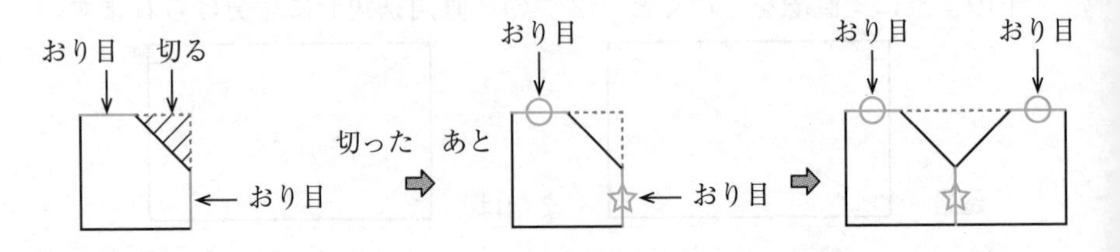

切った あとに 1回 ひらいた 形は，おり目と おり目の あいだが 切れて います。

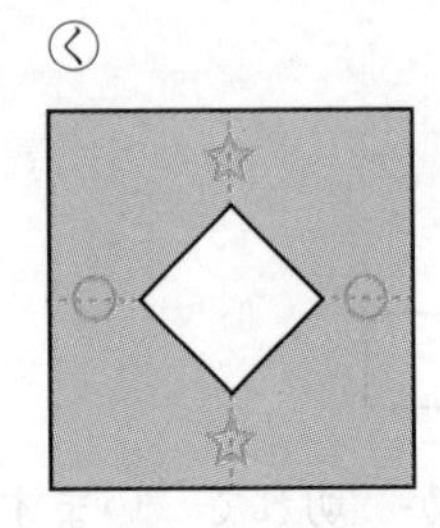

おり目と おり目の あいだが 切れていて，1回 ひらいた 形と おなじなのは ⓚの 形です。

答え ⓚ

（たしかめ方）

切った あとの おり紙を ひらきます。

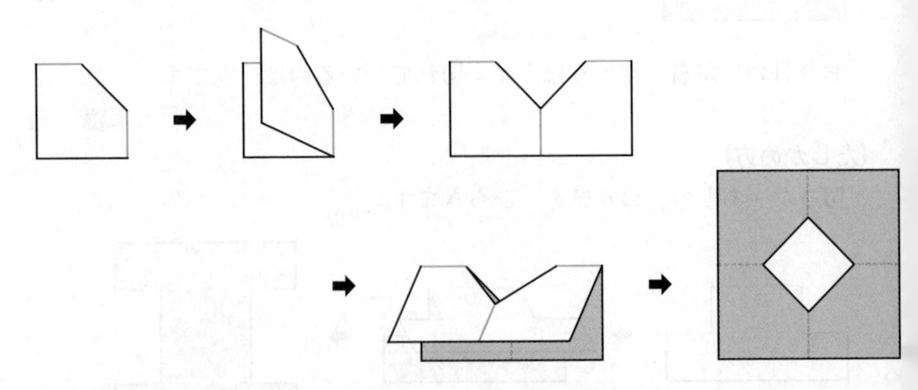

10級　第２回　実用数学技能検定

P.20〜P.25

1

(1)　$8+3=11$　（3を2と1に分ける）

3を　2と　1に　分けます。
8と　2を　たして　10
10と　1を　たして　11

答え　11

(2)　$16-9=7$　（9を6と3に分ける）

9を　6と　3に　分けます。
16から　6を　ひいて　10
10から　3を　ひいて　7

答え　7

(3)　30は　10が　3つ
40は　10が　4つ　〉たすと　10が　$3+4=7$（つ）だから
$30+40=70$

答え　70

(4)　$59-5=54$　（59を50と9に分ける）

59を　50と　9に　分けます。
9から　5を　ひいて　4
50と　4を　たして　54

答え　54

(5)　前から　じゅんに　計算します。

$17-7-7$
❶$17-7=10$
❷$10-7=3$

$17-7-7=3$

答え　3

(6)　ひっ算で　計算します。

```
  ¹
  3 3
+ 8 9
-----
1 2 2 ← 3+9=12
```

←$3+9=12$
十のくらいに　1　くり上げる

くり上げた　1を　たして
$1+3+8=12$

答え　122

(7) ひっ算で　計算します。

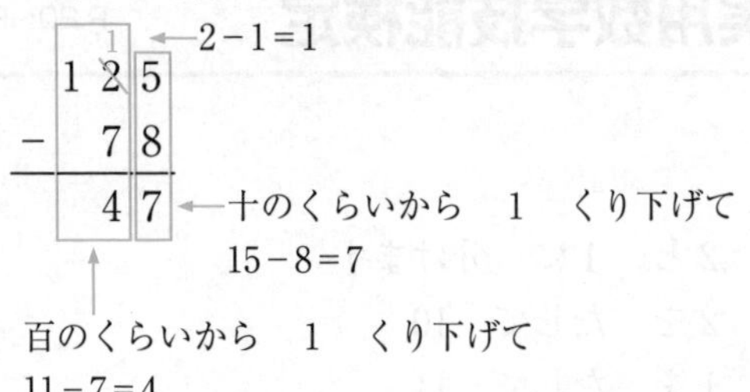

答え　47

(8) ひっ算で　計算します。

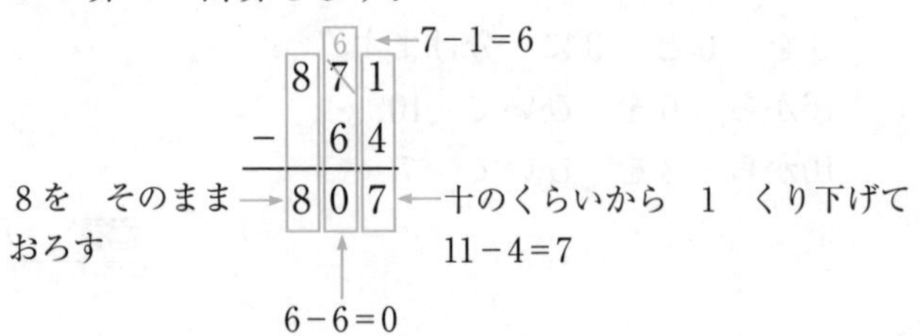

答え　807

(9) 5のだんの　九九を　つかいます。

5×3＝15　五三（ごさん）　15

答え　15

(10) 9のだんの　九九を　つかいます。

9×9＝81　九九（くく）　81

答え　81

2

(11) 「ぜんぶの　数」なので，たし算を　つかいます。

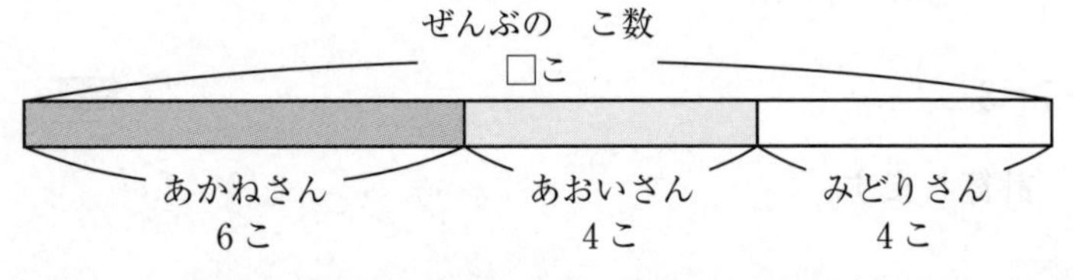

(あかねさんの　こ数)＋(あおいさんの　こ数)＋(みどりさんの　こ数)
＝(ぜんぶの　こ数)と　なるので，6＋4＋4を　前から　じゅんに，計算します。

6＋4＋4

❶6＋4＝10(こ)

❷10＋4＝14(こ)

6＋4＋4＝14(こ)

答え　14こ

⑿　あかねさんと　みどりさんの　2人が　食べた　こ数を　もとめます。「合わせた　数」なので，たし算を　つかいます。

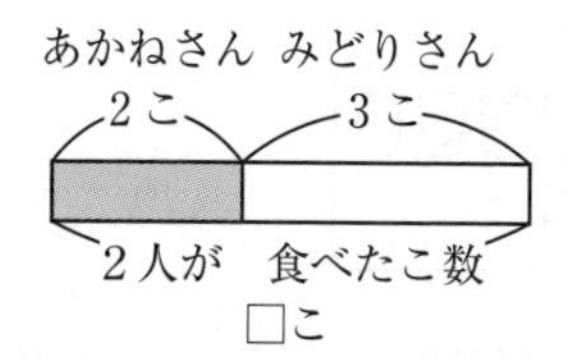

（あかねさんが　食べた　こ数）＋（みどりさんが　食べた　こ数）＝（2人が　食べた　こ数）と　なるので，

2＋3＝5（こ）

2人が　食べた　あとに　3人が　もって　いる　あめの　こ数を　もとめます。「のこりの　数」なので，ひき算を　つかいます。

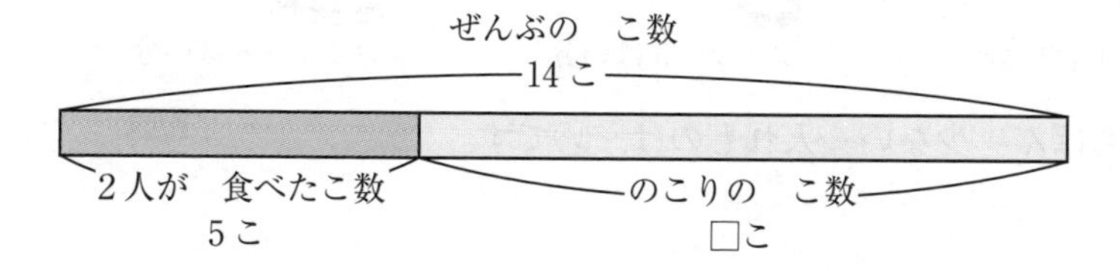

（ぜんぶの　こ数）－（2人が　食べた　こ数）＝（のこりの　こ数）と　なるので

14－5＝9（こ）

答え　9こ

別の解き方

2人の　食べた　こ数を　ぜんぶの　こ数から　ひきます。

（ぜんぶの　こ数）－（あかねさんが　食べた　こ数）－（みどりさんが　食べた　こ数）＝（のこりの　こ数）と　なるので，14－2－3を　前から　じゅんに　計算します。

14－2－3

❶14－2＝12（こ）

❷12－3＝9（こ）

14－2－3＝9（こ）

3

水を　うつした　コップの　数で　くらべます。

⒀ ㋐

コップ　6ぱい分

㋑

コップ　5はい分

㋐の　ほうが，コップ　1ぱい分　多いです。

答え　1ぱい

⒁ ㋐

コップ　6ぱい分

㋑

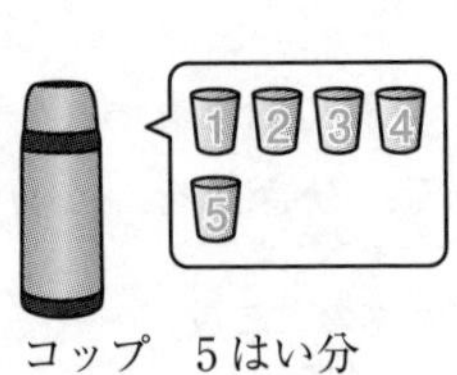

コップ　5はい分

㋒

コップ　8ぱい分

水が　いちばん　少ない　入れものは，㋑です。

答え　㋑

4

⒂ かけ算では，かける数が　1　ふえると，
答えは　かけられる数だけ　ふえます。

答え　8

⒃ $8\times3=24$なので，答えが　24に　なる
九九を　1のだんから　じゅんに
さがします。

$3\times8=24$

$4\times6=24$

$6\times4=24$

答え　3×8，4×6，6×4

かけられる数　かける数

$8\times1=8$
$8\times2=16$
$8\times3=\boxed{24}$
$8\times4=32$
$8\times5=40$
$8\times6=48$
$8\times7=56$
$8\times8=64$
$8\times9=72$

1ずつ　ふえる

8ずつ　ふえる

5

⒄　ねん土玉は　はこの　形の　ちょう点です。
はこの　形には，ちょう点が
8つ　あるので，ねんど玉は　8こ
つかいます。

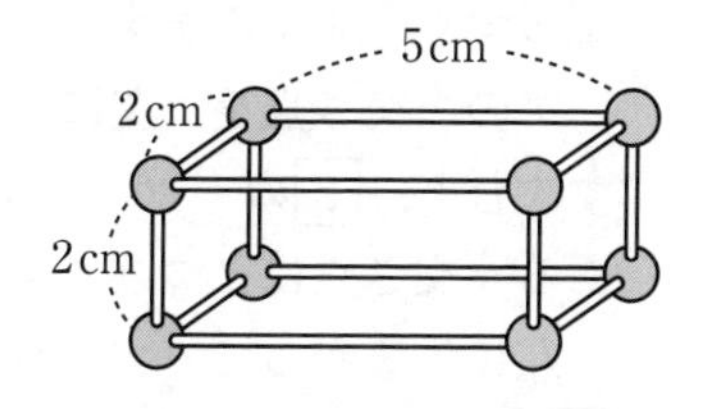

答え　8こ

⒅　ひごは　はこの　形の　へんです。
はこの　形には，へんが　12本　あります。
この　うち，色を　つけた　へんが
5cmなので，5cmの　ひごは，ぜんぶで
4本　つかいます。

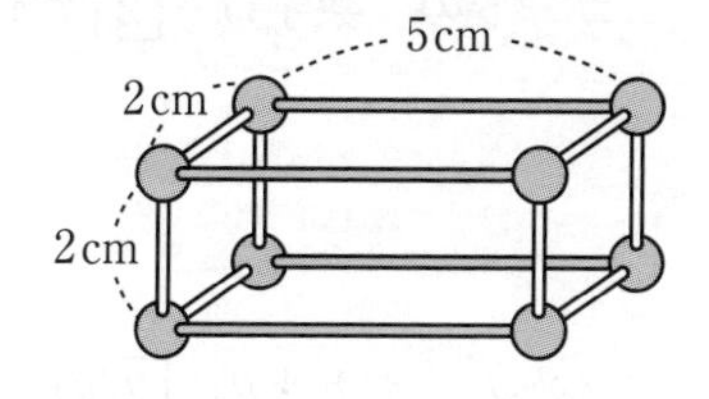

答え　4本

6

⒆　ルールの　とおりに　すすみます。
◇を　出ぱつして，右のように
すすむので，㋑に　つきます。

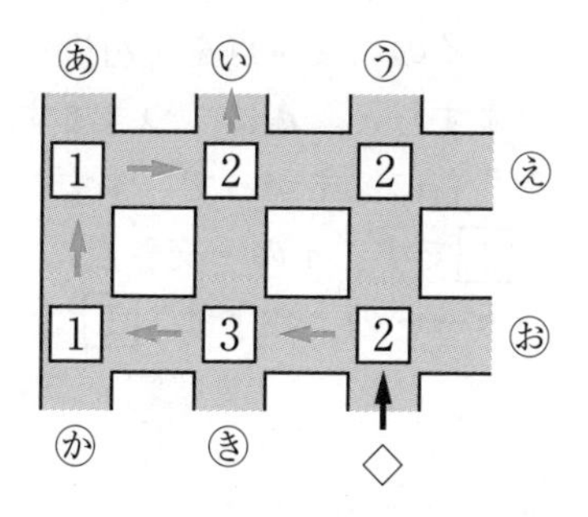

答え　㋑

⒇　ルールの　とおりに　すすみます。
△を　出ぱつして，[3]の　カードで
まっすぐ　すすみます。
アの　交さ点を　左に　まがって
すすむと，[2]の　カードが　おいて
ある　交さ点に　つきます。
左に　まがって　すすむ　カードは，
[2]です。アの　交さ点に　おいて　ある
カードの　数字は　[2]です。

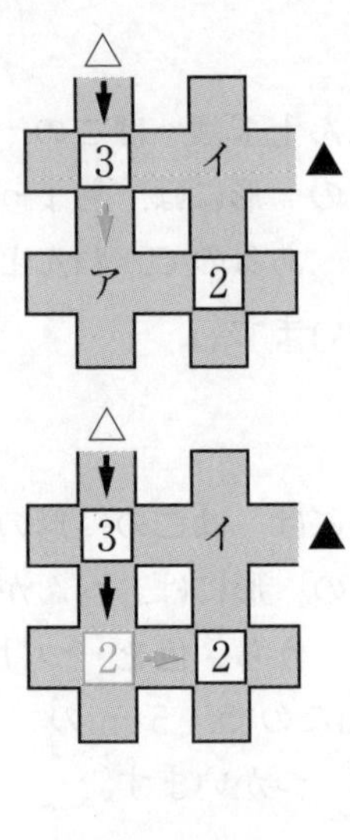

次の　交さ点の　[2]の　カードで
左に　まがって　すすみます。
イの　交さ点を　右に　まがって
すすむと，▲に　つきます。
右に　まがって　すすむ　カードは，
[1]です。イの　交さ点に　おいて　ある
カードの　数字は　[1]です。

答え　ア　2，イ　1

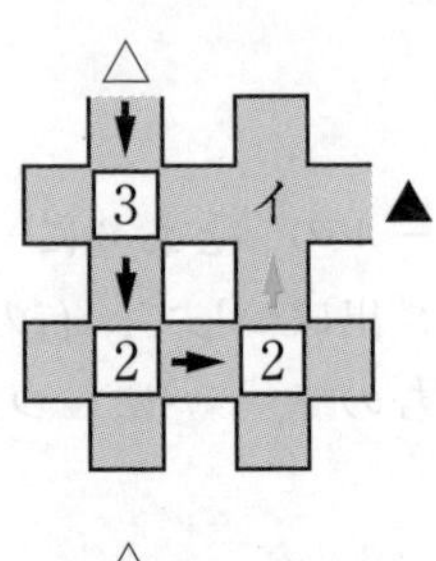

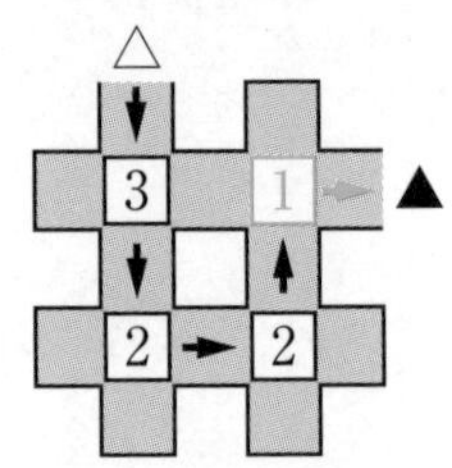

10級 第3回 実用数学技能検定 P.30～P.35

1

(1) $7+5=12$（5を 3と2に分ける）

5を　3と　2に　分けます。
7と　3を　たして　10
10と　2を　たして　12

答え　12

(2) $11-7=4$（7を 1と6に分ける）

7を　1と　6に　分けます。
11から　1を　ひいて　10
10から　6を　ひいて　4

答え　4

(3) 80は　10が　8つ
30は　10が　3つ
ひくと　10が　$8-3=5$（つ）だから

$80-30=50$

答え　50

(4) $41+6=47$（41を 40と1に分ける）

41を　40と　1に　分けます。
1と　6を　たして　7
40と　7を　たして　47

答え　47

(5) 前から　じゅんに　計算します。

$12-2+4$

❶$12-2=10$
❷$10+4=14$

$12-2+4=14$

答え　14

(6) ひっ算で　計算します。

```
   3 5
 + 5 2
 -----
   8 7  ← 5+2=7
   ↑
 3+5=8
```

答え　87

(7) ひっ算で　計算します。

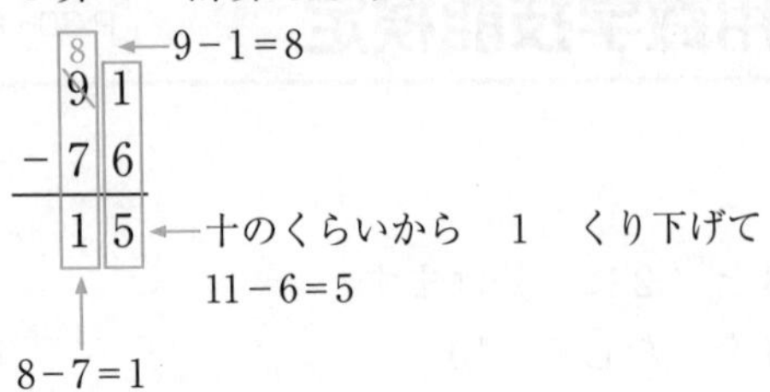

答え　15

(8) 200は　100が　2つ
400は　100が　4つ
たすと　100が　2+4=6(つ)だから
200+400=600

答え　600

(9) 4のだんの　九九を　つかいます。
4×5=20　四五(しご)　20

答え　20

(10) 8のだんの　九九を　つかいます。
8×7=56　八七(はちしち)　56

答え　56

2

(11)

かずとさんは　前から　数えて　3番めです。

答え　3番め

(12)

ゆうなさんは　後ろから　数えて　6番めです。

答え　6番め

3

⒀

長い　はりは　12を　さして　いるので　ぴったり　何時です。

みじかい　はりは　6を　さして　いるので　6時です。　答え　6時

⒁

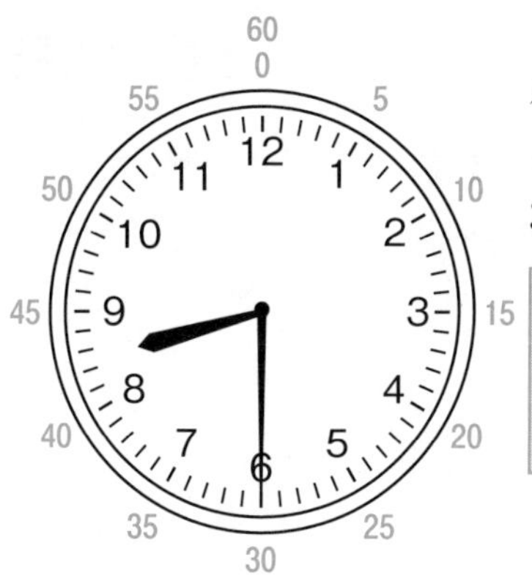

みじかい　はりは　8と　9の　間です。小さい　ほうの　数を　よむので　8時です。

長い　はりは　6を　さして　いるので　30分です。　答え　8時30分

> 長い　はりが　さす　めもりは　ぜんぶで　60こです。長い　はりの　1めもりは　1分です。

4

(15) 「ぜんぶの　数」なので，たし算を　つかいます。

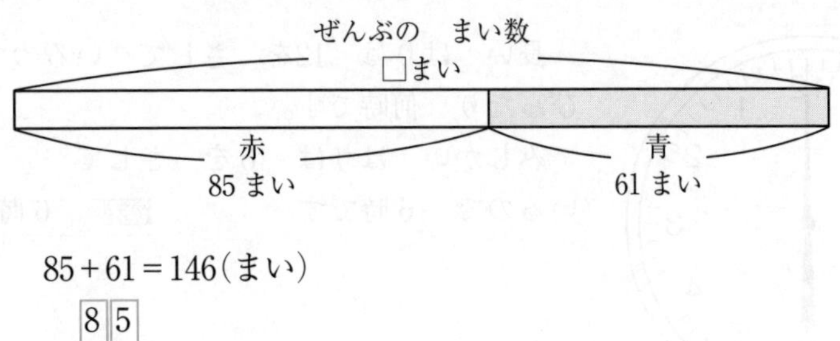

$85+61=146$（まい）

```
   8 5
 + 6 1
 -----
 1 4 6  ←5+1=6
 ↑
8+6=14
```

答え　146まい

(16) 「のこりの　数」なので，ひき算を　つかいます。

くばった　まい数　のこりの　まい数

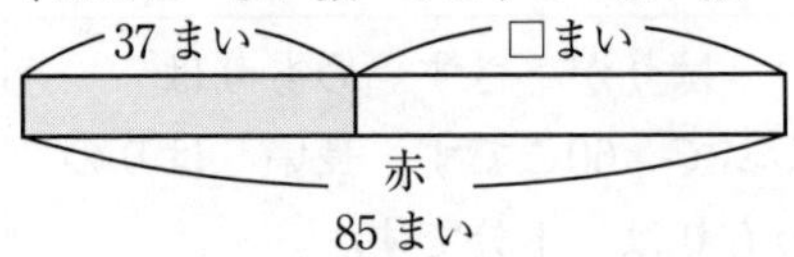

$85-37=48$（まい）

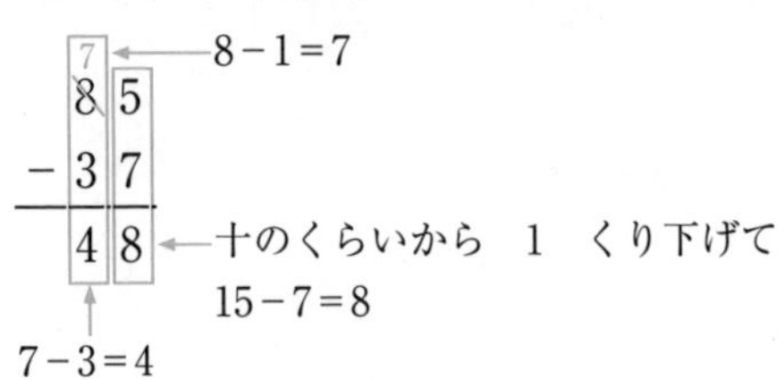

しき　$85-37=48$

答え　48まい

5

⒄　三角形は，３本の　直線で　かこまれた　形です。

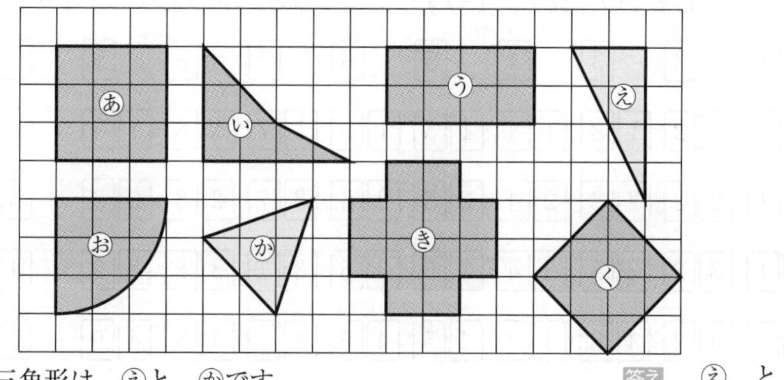

三角形は　㋓と　㋕です。

⒅　正方形は，４つの　かどが　みんな　直角で，４つの　辺の　長さが　みんな　同じ　四角形です。

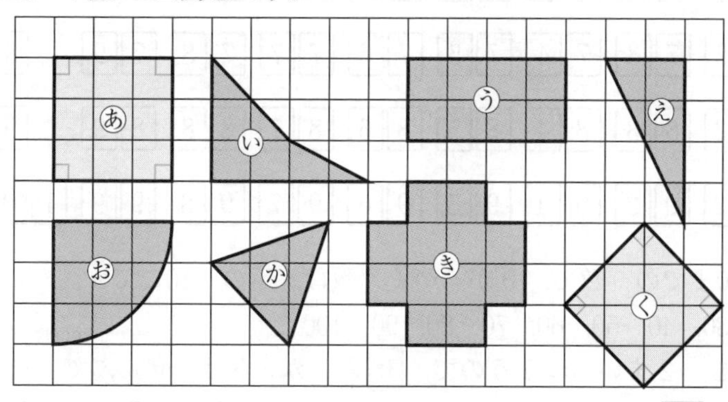

正方形は　㋐と　㋗です。

答え　㋐　と　㋗

6

1から　100までの　数を　1つずつ　つくると，下のように　なります。

1	2	3	4	5	6	7	8	9	10
11	12	13	14	15	16	17	18	19	20
21	22	23	24	25	26	27	28	29	30
31	32	33	34	35	36	37	38	39	40
41	42	43	44	45	46	47	48	49	50
51	52	53	54	55	56	57	58	59	60
61	62	63	64	65	66	67	68	69	70
71	72	73	74	75	76	77	78	79	80
81	82	83	84	85	86	87	88	89	90
91	92	93	94	95	96	97	98	99	100

(19)　1から　100までの　数で，0が　つく　数は，下の　10こです。

10，20，30，40，50，60，70，80，90，100

100は，0を　2まい　つかうので，0の　カードは　ぜんぶで　11まい　つかいます。

答え　11まい

(20)　1から　100までの　数で，5が　つく　数は，下の　19こです。

5，15，25，35，45，50，

51，52，53，54，55，56，57，58，59，

65，75，85，95

55は，5を　2まい　つかうので，5の　カードは　ぜんぶで　20まい　つかいます。

答え　20まい

10級　第４回　実用数学技能検定　P.40~P.45

1

(1) 3＋9＝12
　　7　2

9を　7と　2に　分けます。
3と　7を　たして　10
10と　2を　たして　12

答え　12

(2) 16－8＝8
　　6　2

8を　6と　2に　分けます。
16から　6を　ひいて　10
10から　2を　ひいて　8

答え　8

(3) 40は　10が　4つ
30は　10が　3つ
たすと　10が　4＋3＝7(つ)だから
40＋30＝70

答え　70

(4) 87－6＝81
　　80　7

87を　80と　7に　分けます。
7から　6を　ひいて　1
80と　1を　たして　81

答え　81

(5) 前から　じゅんに　計算します。

18－8－7
❶18－8＝10
❷10－7＝3

18－8－7＝3

答え　3

(6) ひっ算で　計算します。

$$\begin{array}{r} {}^{1}4\,9 \\ +\ 3\,5 \\ \hline 8\,4 \end{array}$$

9＋5＝14
十のくらいに　1　くり上げる

くり上げた　1を　たして
1＋4＋3＝8

答え　84

(7)　ひっ算で　計算します。

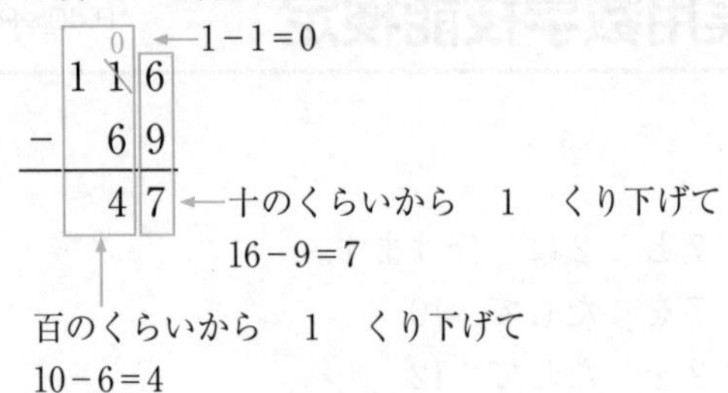

答え　47

(8)　ひっ算で　計算します。

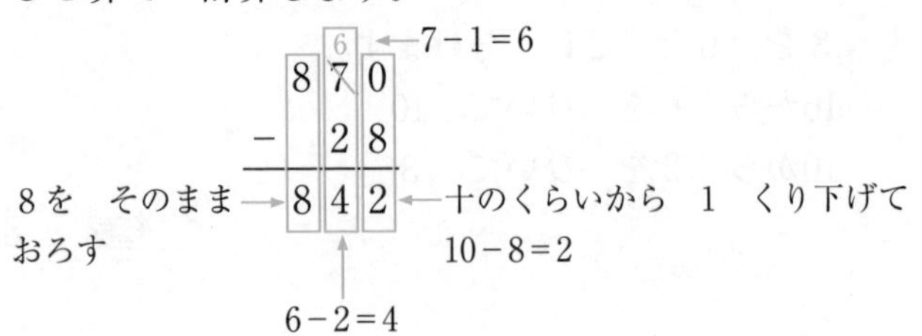

答え　842

(9)　4のだんの　九九を　つかいます。

4×7=28　四七（ししち）　28

答え　28

(10)　6のだんの　九九を　つかいます。

6×9=54　六九（ろっく）　54

答え　54

2

(11)

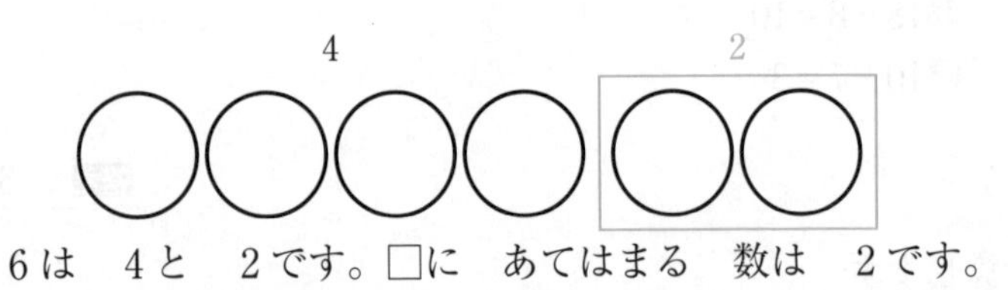

6は　4と　2です。□に　あてはまる　数は　2です。

答え　2

(12)　見えて　いる　ボタンの　数は　5こです。

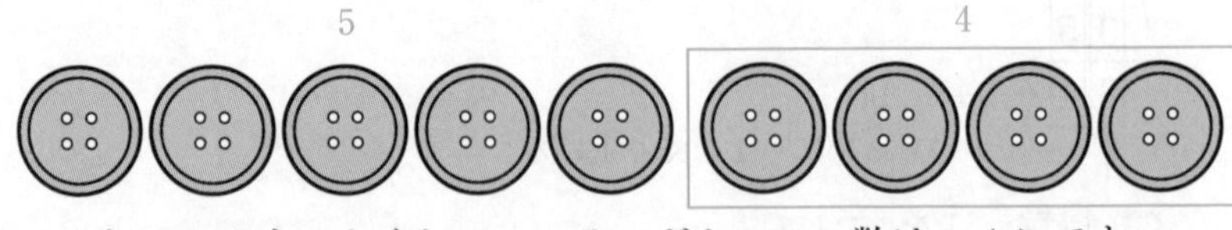

9は　5と　4です。かくれて　いる　ボタンの　数は　4こです。

答え　4こ

3

⒀

みじかい　はりは　6と　7の　間です。小さい　ほうの　数を　よむので　6時です。

長い　はりは　8を　さして　いるので　40分です。

答え　6時40分

> 長い　はりが　さす　めもりは　ぜんぶで　60こです。長い　はりの　1めもりは　1分です。

⒁

みじかい　はりは　8と　9の　間です。小さい　ほうの　数を　よむので　8時です。

長い　はりは　10から　4つ　先の　めもりを　さして　いるので　54分です。

答え　8時54分

4

⒂　7本の　6つ分なので　かけ算を　つかいます。

7　×　6　＝　42(本)

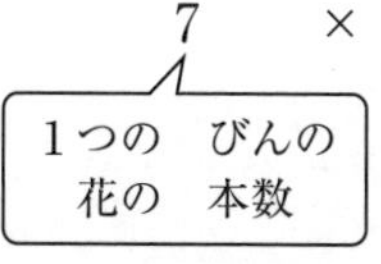

ぜんぶの
花の　本数

答え　42本

別の解き方

たし算を　つかって　もとめると，

7＋7＋7＋7＋7＋7＝42(本)

(16) びんの　数は

6＋3＝9(つ)

7本の　9つ分なので　かけ算を　つかいます。

7 × 9 ＝ 63(本)

（1つの　びんの　花の　本数）（びんの　数）（ぜんぶの　花の　本数）

しき　6＋3＝9
7×9＝63

答え　63本

別の解き方

ふえたのは，7本の　3つ分なので，

7 × 3 ＝ 21(本)

（1つの　びんの　花の　本数）（ふえた　びんの　数）（ふえた　花の　本数）

花の　ぜんぶの　本数は，はじめに　あった　花の　本数と，ふえた　花の　本数を　合わせた　数なので，

42＋21＝63(本)

5

⒄　正方形は，４つの　かどが　みんな　直角で，４つの　辺の　長さが　みんな　同じ　四角形です。

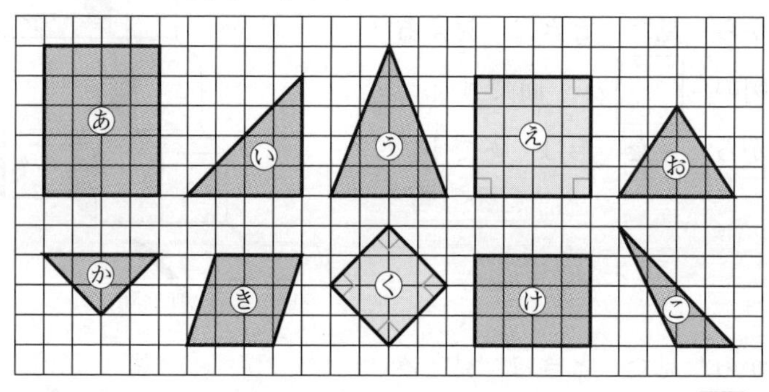

正方形は　ⓔと　ⓚです。

答え　ⓔ　と　ⓚ

⒅　直角三角形は，直角の　かどが　ある　三角形です。

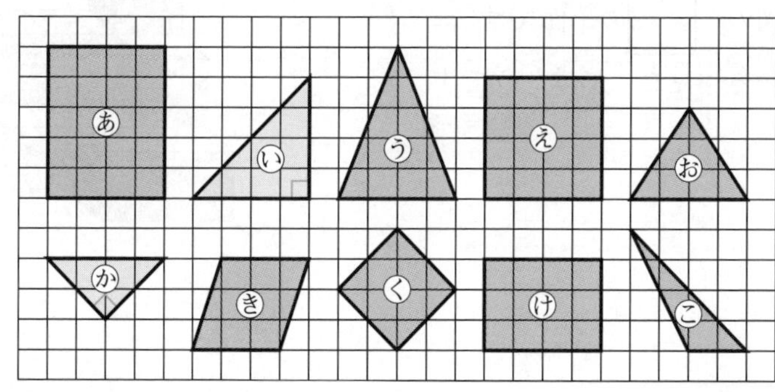

直角三角形は　ⓘと　ⓚです

答え　ⓘ　と　ⓚ

6

⒆ 図３を 前から 見た ときに 見える面を かんがえます。

図３を 前から 見た ときに 見える面は，右の 図の  の 面です。

これを 前から 見た 形は ㋐です。

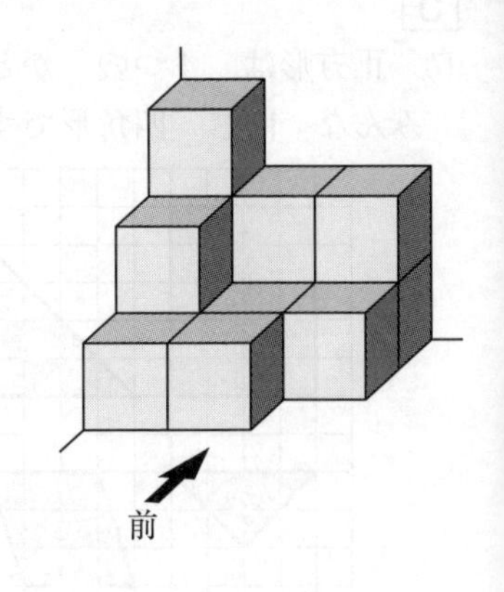

答え ㋐

⒇ 図３を 上から 見た ときに 見える面を かんがえます。

図３を 上から 見た ときに 見える面は，右の 図の  の 面です。

これを 上から 見た 形は ㋒です。

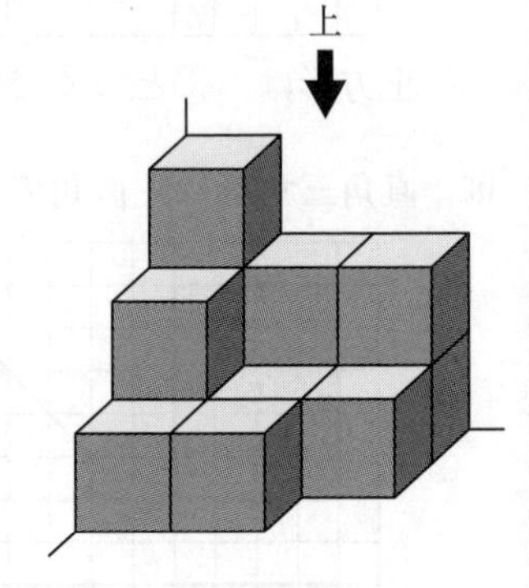

答え ㋒

10級　第５回　実用数学技能検定

P.50〜P.55

1

(1) $4+8=16$
　　6　2

8を　6と　2に　分けます。
4と　6を　たして　10
10と　2を　たして　12

答え　12

(2) $16-7=9$
　　6　1

7を　6と　1に　分けます。
16から　6を　ひいて　10
10から　1を　ひいて　9

答え　9

(3) 20は　10が　2つ
70は　10が　7つ
たすと　10が　2+7=9(つ)だから
$20+70=90$

答え　90

(4) $49-8=41$
　　40　9

49を　40と　9に　分けます。
9から　8を　ひいて　1
40と　1を　たして　41

答え　41

(5) 前から　じゅんに　計算します。

$8+2-7$

❶$8+2=10$
❷$10-7=3$

$8+2-7=3$

答え　3

(6) ひっ算で　計算します。

$$\begin{array}{r} {}^{1}\ \ \\ 37 \\ +\ 84 \\ \hline 121 \end{array}$$

$7+4=11$
十のくらいに　1　くり上げる

くり上げた　1を　たして
$1+3+8=12$

答え　121

(7)　ひっ算で　計算します。

9
1 0 4
－　7 5
　2 9

百のくらいから　1　くり下げて
10－1＝9

十のくらいから　1　くり下げて
14－5＝9

9－7＝2

答え　29

(8)　ひっ算で　計算します。

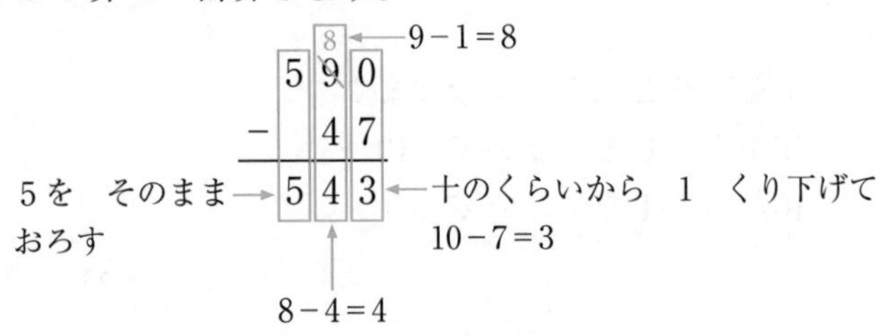

答え　543

(9)　4のだんの　九九を　つかいます。

4×9＝36　四九（しく）　36

答え　36

(10)　7のだんの　九九を　つかいます。

7×6＝42　七六（しちろく）　42

答え　42

2

(11)　1めもりは，1を　あらわして　います。

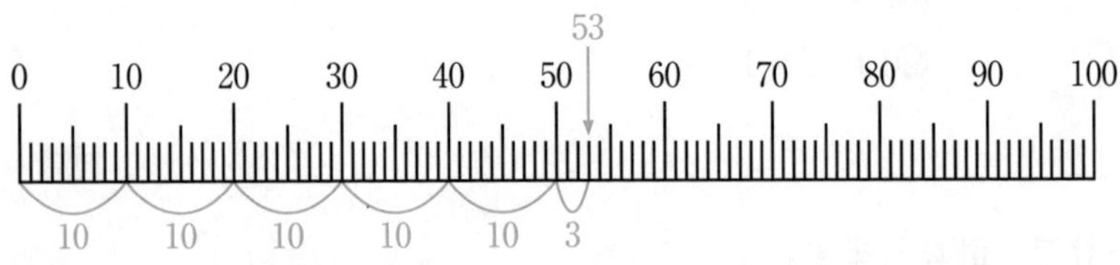

10めもりが　5つ分で　50です。

1めもりが　3つ分で　3です。

50より　3　大きい　数は　53です。

答え　53

別の解き方

10が　5こで	5 0
1が　3こで	3
合わせて	5 3

⑿

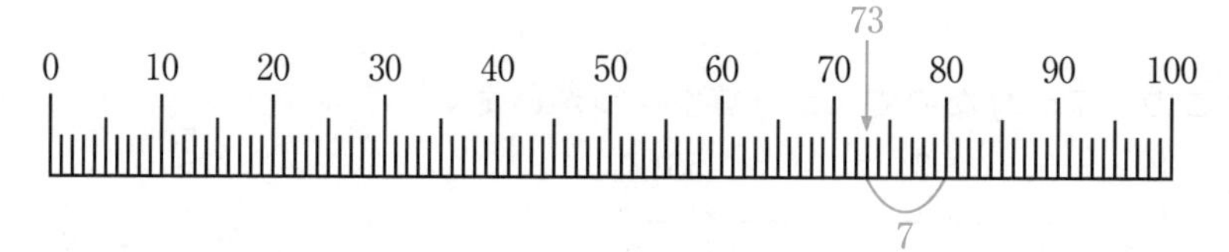

80より　7めもり　左の　数なので，73です。

答え　73

数の線では，右に　いくほど　数が　大きく　なります。

3

⒀

みじかい　はりは　8と　9の　間です。小さい　ほうの　数を　よむので　8時です。

長い　はりは　6から　2つ　先の　めもりを　さして　いるので　32分です。

答え　8時32分

長い　はりが　さす　めもりは　ぜんぶで　60こです。長い　はりの　1めもりは　1分です。

⒁

みじかい　はりは　12と　1の　間です。12と　1の　間の　ときは　12を　よむので　12時です。

長い　はりは　11から　3つ　先の　めもりを　さして　いるので　58分です。

答え　12時58分

4

⒂　8この　7つ分なので　かけ算を　つかいます。

8　×　7　=　56(こ)

1ふくろの あめの こ数 ／ ふくろの 数 ／ ぜんぶの あめの こ数

しき　8×7=56

答え　56こ

別の解き方

たし算を　つかって　もとめると，

8+8+8+8+8+8+8=56(こ)

⒃　くばった　あめの　こ数を　もとめます。3この　9人分なので　かけ算を　つかいます。

3　×　9　=　27(こ)

1人に　くばった あめの　こ数 ／ くばった 人数 ／ くばった あめの　こ数

「のこりの　数」なので　ひき算を　つかいます。

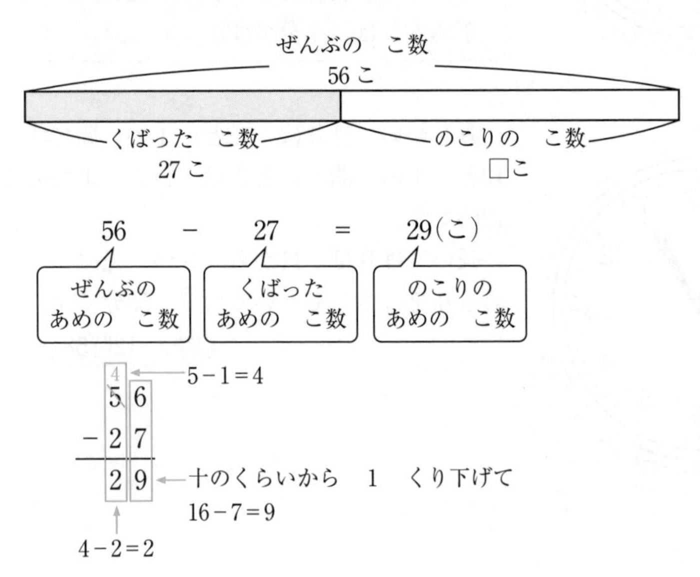

答え　29こ

別の解き方

くばった　あめの　こ数を　たし算を　つかって　もとめると，

$3+3+3+3+3+3+3+3+3=27$(こ)

のこりの　あめの　こ数は，ぜんぶの　あめの　こ数から　くばった　あめの　こ数を　ひいて　もとめます。

$56-27=29$(こ)

5

(17) はこの　形には　ちょう点が　8つ　あります。

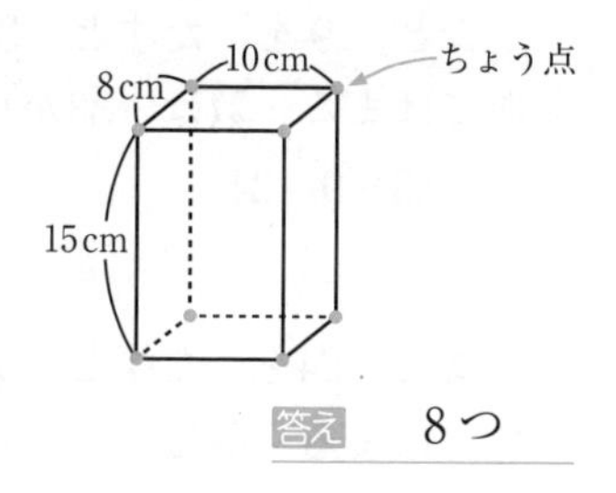

答え　8つ

(18) 図の　はこの　形の　ぜんぶの　面を　うつしとると，形も　大きさも　同じ　長方形が　2つずつ　できます。

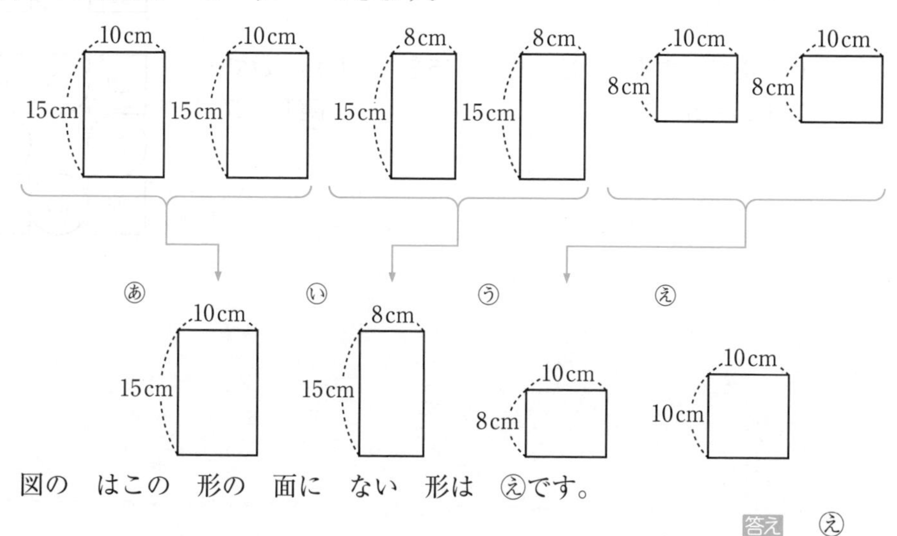

図の　はこの　形の　面に　ない　形は　ⓔです。

答え　ⓔ

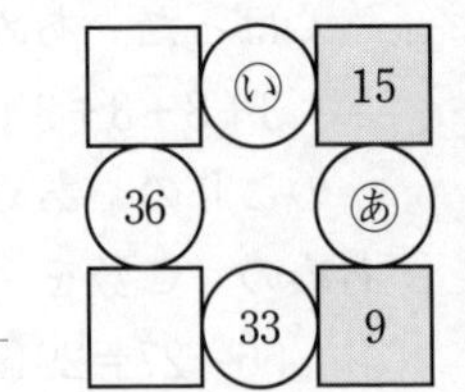

⒆ ○の　中の　数は　つないだ　２つの　□の　中の　数を　たした　答えに　なって　いるので，㋐に　あてはまる　数は　15と　９を　たした　数です。

15＋9＝24

答え　24

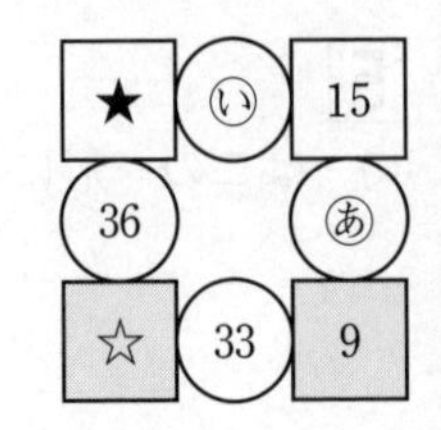

⒇ じゅんに　あてはまる　数を　もとめます。

☆と　９を　たすと　33に　なって　いるので，☆に　あてはまる　数は　33から　９を　ひいた　数です。

33－9＝24

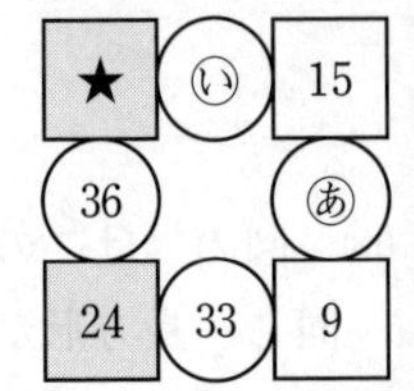

★と　24を　たすと　36に　なって　いるので，★に　あてはまる　数は　36から　24を　ひいた　数です。

36－24＝12

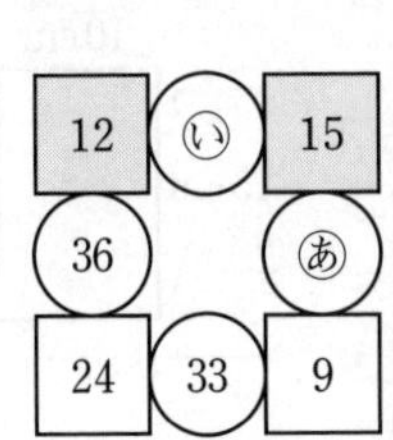

㋑に　あてはまる　数は　12と　15を　たした　数です。

12＋15＝27

答え　27

10級 第６回 実用数学技能検定

P.60〜P.65

1

(1) $6+6=12$（6を4と2に分ける）

6を　4と　2に　分けます。
6と　4を　たして　10
10と　2を　たして　12

答え　12

(2) $13-8=5$（8を3と5に分ける）

8を　3と　5に　分けます。
13から　3を　ひいて　10
10から　5を　ひいて　5

答え　5

(3) 60は　10が　6つ
20は　10が　2つ
たすと　10が　$6+2=8$(つ)だから

$60+20=80$

答え　80

(4) $77-2=75$（77を70と7に分ける）

77を　70と　7に　分けます。
7から　2を　ひいて　5
70と　5を　たして　75

答え　75

(5) 前から　じゅんに　計算します。

$9-5+3$

❶ $9-5=4$
❷ $4+3=7$

$9-5+3=7$

答え　7

(6) ひっ算で　計算します。

$$\begin{array}{r} {}^{1}\;\;\; \\ 56 \\ +\ 94 \\ \hline 150 \end{array}$$

$6+4=10$
十のくらいに　1　くり上げる

くり上げた　1を　たして
$1+5+9=15$

答え　150

(7)　ひっ算で　計算します。

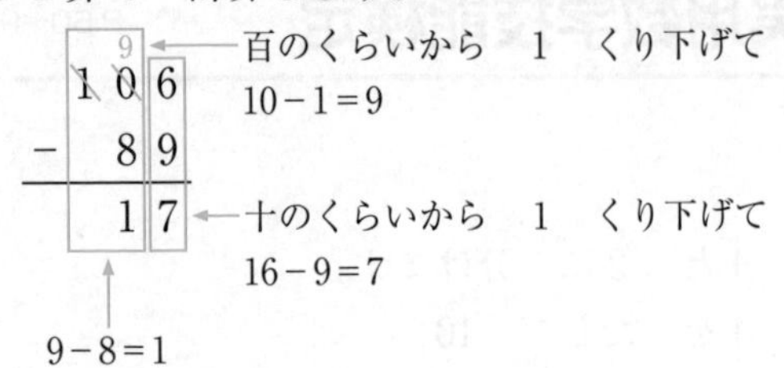

答え　17

(8)　ひっ算で　計算します。

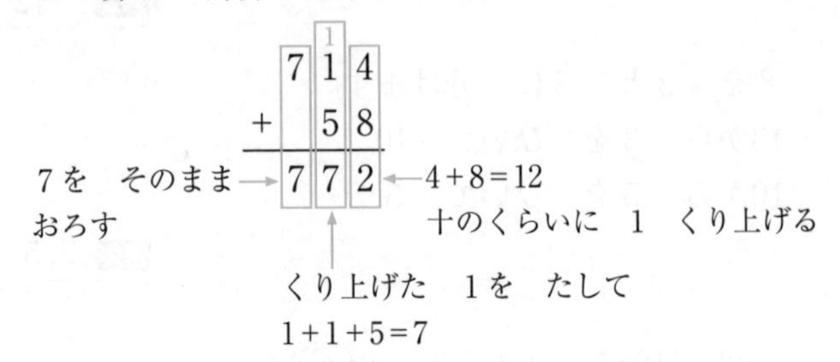

答え　772

(9)　4のだんの　九九を　つかいます。

4×8＝32　四八(しは)　32

答え　32

(10)　7のだんの　九九を　つかいます。

7×9＝63　七九(しちく)　63

答え　63

2

(11)

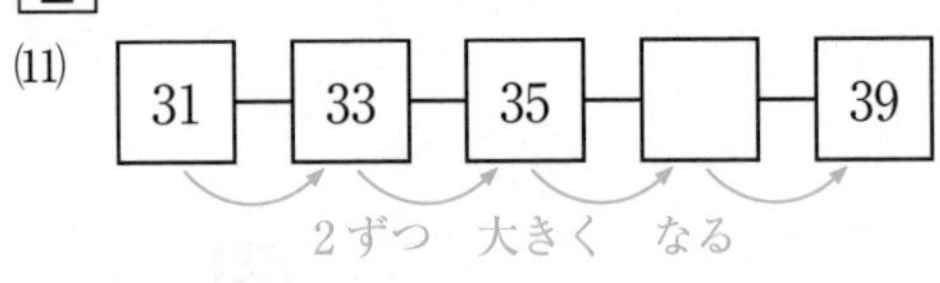

2ずつ　大きく　なって　います。

35より　2　大きい　数は　37です。

答え　37

(12)

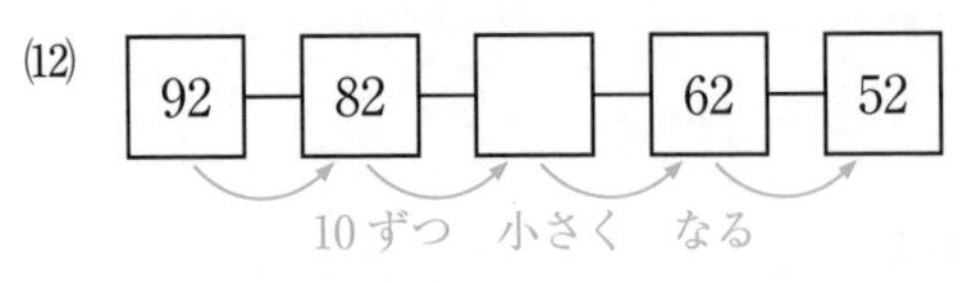

10ずつ　小さく　なって　います。

82より　10　小さい　数は　72です。

答え　72

3

前から　見た　形，ま上から　見た　形で　考えます。

前から　見た　形は，

㋐はこの　形　　㋑つつの　形　　㋒ボールの　形

ま上から　見た　形は，

㋐はこの　形　　㋑つつの　形　　㋒ボールの　形

です。

⒀　テニスボールは，前から　見た　形が　○で，ま上から　見た　形が　○なので，ボールの　形の　㋒です。

答え　㋒

⒁　チーズの　入れものは，前から　見た　形が　▭で，ま上から　見た　形が　○なので，つつの　形の　㋑です。

答え　㋑

4

⒂　直線の　左はしと　ものさしの　0の　めもりを　合わせて　めもりを　読みます。

3 cm　3 cm

1 cmが　3こで　3 cm
1 mmが　3こで　3 mm　＞　合わせて　3 cm 3 mm

答え　3 cm 3 mm

⒃ おれまがった　ところで　２本に　分けます。1本ずつ　長さを　はかって，２本の　長さを　合わせます。

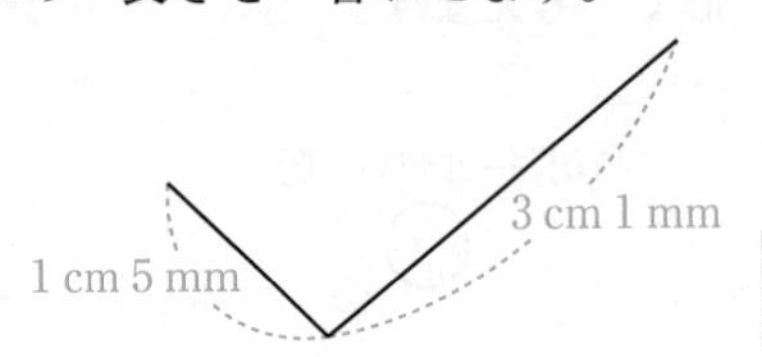

1 cm 5 mm + 3 cm 1 mm = 4 cm 6 mm

答え　4 cm 6 mm

同じ　たんいどうしを　計算します。

5

⒄ 三角形は，３本の　直線で　かこまれた　形です。
三角形は　下の　２つです。

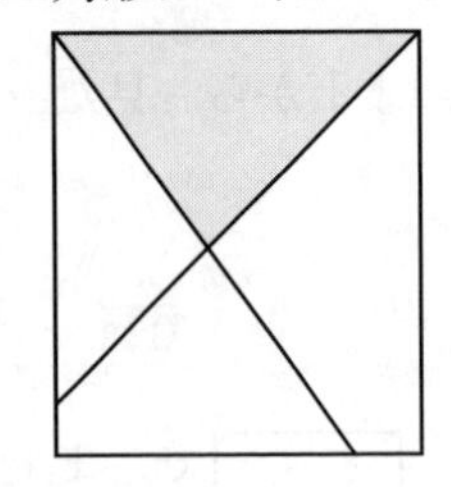
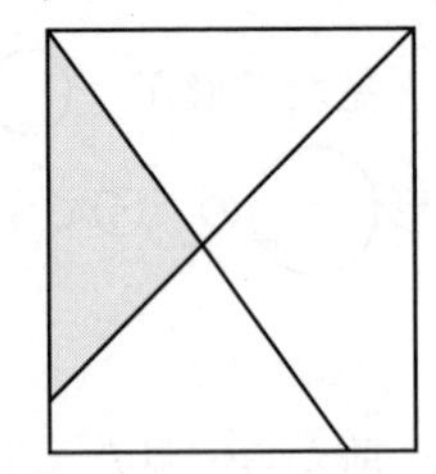

四角形は，４本の　直線で　かこまれた　形です。
四角形は　下の　２つです。

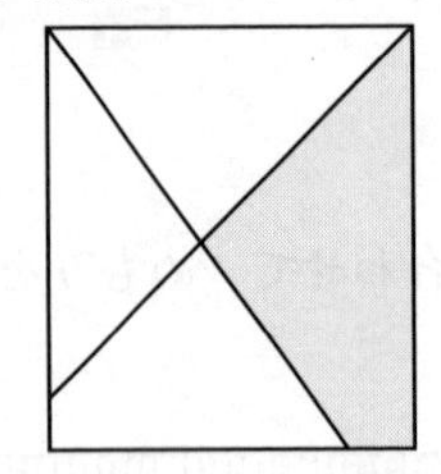
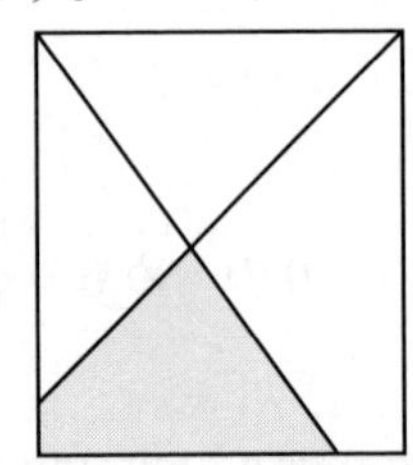

答え　三角形　２つ，四角形　２つ

⒅ 三角形は，３本の　直線で　かこまれた　形です。
下のように　直線を　ひくと　２つの　三角形に　分けられます。

答え
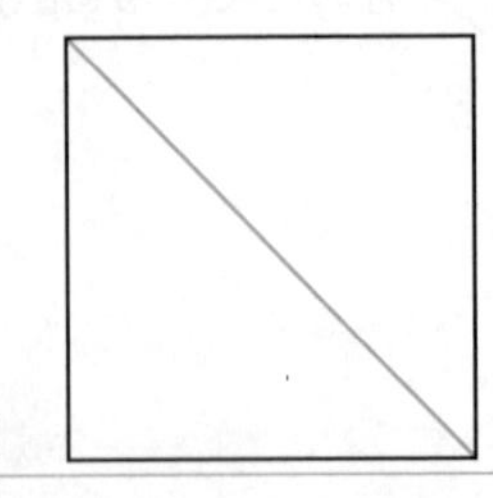

または
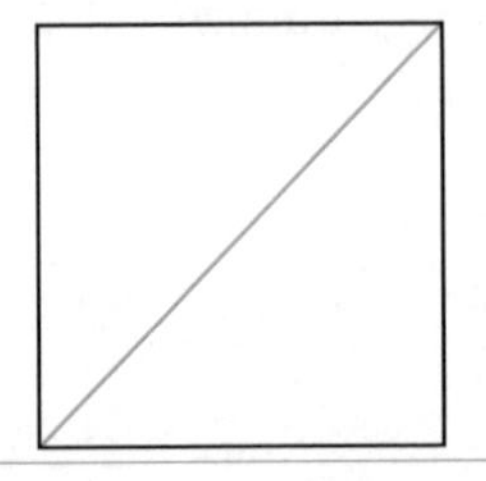

6

⒆　つみ木の　数の　ふえ方の　きまりを　見つけます。

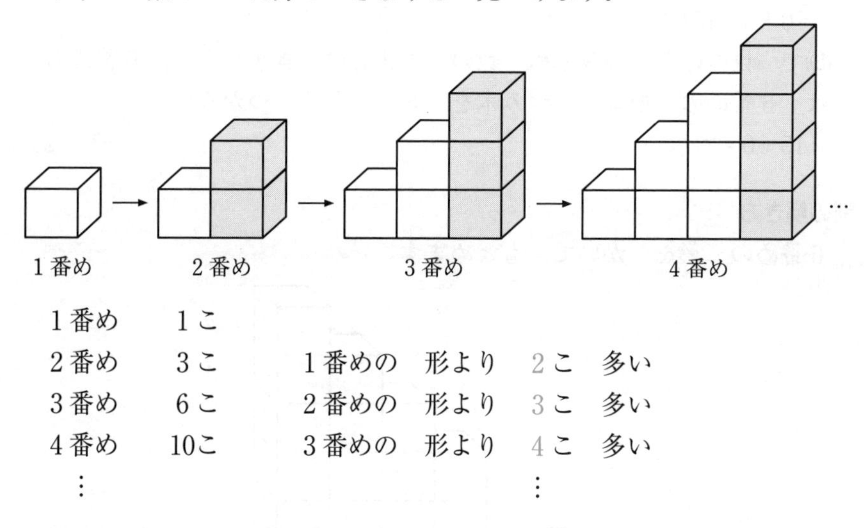

1番め	1こ	
2番め	3こ	1番めの　形より　2こ　多い
3番め	6こ	2番めの　形より　3こ　多い
4番め	10こ	3番めの　形より　4こ　多い
⋮		⋮

5番めの　形は，4番めの　形より　つみ木を　5こ　多く　つかいます。

答え　5こ

別の解き方

5番めの　形を　かいて　もとめます。

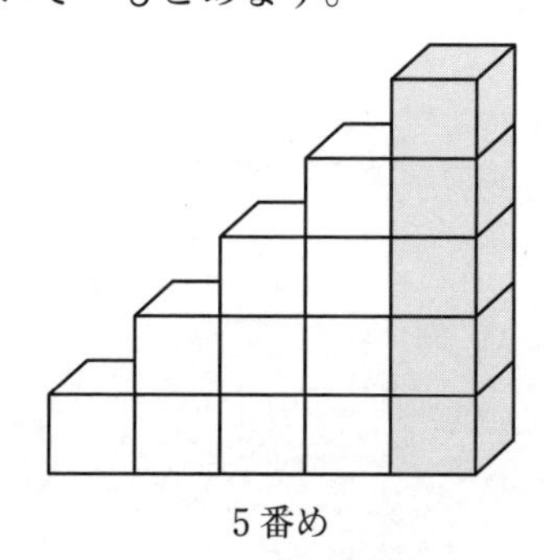

5番め

4番めの　形から　ふえた　つみ木　の　数を　かぞえると，5こです。

(20)　4番めの　形の　つみ木の　数は　10こです。

5番めの　形は　4番めの　形より　つみ木を　5こ　多く　つかうので，

10＋5＝15(こ)

(19)で　見つけた　つみ木の　数の　ふえ方の　きまりから，6番めの　形は　5番めの　形より　つみ木を　6こ　多く　つかうので，

15＋6＝21(こ)

答え　21こ

別の解き方

6番めの　形を　かいて　もとめます。

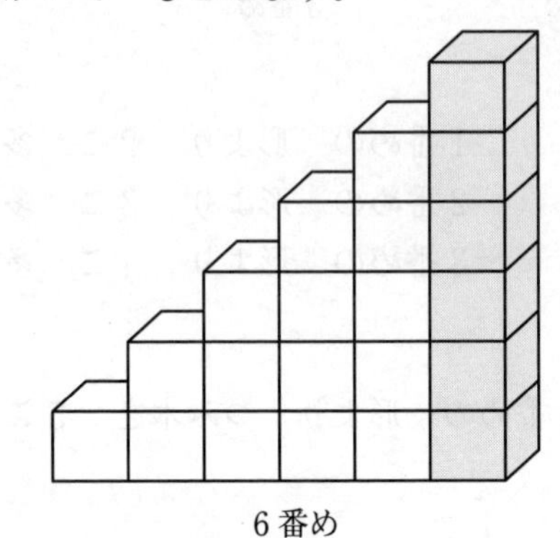

6番め

6番めまでの　形の　つみ木の　数を　かぞえると，21こです。

実用数学技能検定® 数検

過去問題集 10級

模範解答

算数検定　解答　第1回　10級

1	(1)	16
	(2)	4
	(3)	60
	(4)	78
	(5)	5
	(6)	130
	(7)	47
	(8)	484
	(9)	30
	(10)	49

ここにバーコードシールをはってください。

太わくの部分は必ず記入してください。

ふりがな		受検番号
姓	名	—
生年月日	大正　昭和　平成　西暦　年　月　日生	
性別（□をぬりつぶしてください）男□　女□		年齢　歳
住所	□□□-□□□□	/20

公益財団法人 日本数学検定協会

2	(11)	65 (円)
	(12)	12 (まい)
3	(13)	3 (はい)
	(14)	㋓
4	(15)	40 (円)
	(16)	28 (円)
5	(17)	三角形 2 (つ) ／ 四角形 2 (つ)
	(18)	(れい) 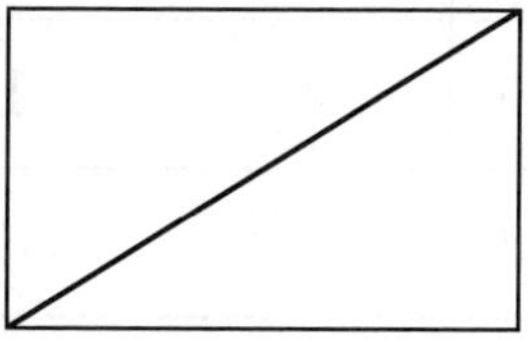
6	(19)	㋒
	(20)	㋗

算数検定 解答 第2回 10級

1	(1)	11
	(2)	7
	(3)	70
	(4)	54
	(5)	3
	(6)	122
	(7)	47
	(8)	807
	(9)	15
	(10)	81

太わくの部分は必ず記入してください。

ここにバーコードシールをはってください。

ふりがな		受検番号
姓	名	—
生年月日 大正 昭和 平成 西暦	年 月 日生	
性別（□をぬりつぶしてください）男□ 女□		年齢 歳
住所	□□□-□□□□	/20

公益財団法人 日本数学検定協会

2	(11)	14 (こ)
	(12)	9 (こ)
3	(13)	1 (はい)
	(14)	㋑
4	(15)	8
	(16)	3 × 8 4 × 6 6 × 4
5	(17)	8 (こ)
	(18)	4 (本)
6	(19)	㋑
	(20)	ア 2 / イ 1

算数検定 解(かい)答(とう) 第 3 回 10級

1	(1)	12
	(2)	4
	(3)	50
	(4)	47
	(5)	14
	(6)	87
	(7)	15
	(8)	600
	(9)	20
	(10)	56

ここにバーコードシールをはってください。

太(ふと)わくの部(ぶ)分(ぶん)は必(かなら)ず記(き)入(にゅう)してください。

ふりがな		受(じゅ)検(けん)番(ばん)号(ごう)
姓(せい)	名(めい)	―
生(せい)年(ねん)月(がっ)日(ぴ)	大(たい)正(しょう) 昭(しょう)和(わ) 平(へい)成(せい) 西(せい)暦(れき)	年(ねん) 月(がつ) 日(にち)生(うまれ)
性(せい)別(べつ)（□をぬりつぶしてください）男(おとこ)□ 女(おんな)□		年(ねん)齢(れい) 歳(さい)
住(じゅう)所(しょ)	□□□-□□□□	/20

2	(11)	3 (番め)
	(12)	6 (番め)
3	(13)	6 (時)
	(14)	8 (時) 30 (分)
4	(15)	146 (まい)
	(16)	(しき) 85－37＝48 (答え) 48 (まい)
5	(17)	㋓ と ㋕
	(18)	㋐ と ㋗
6	(19)	11 (まい)
	(20)	20 (まい)

算数検定 解答 第4回 10級

1	(1)	12
	(2)	8
	(3)	70
	(4)	81
	(5)	3
	(6)	84
	(7)	47
	(8)	842
	(9)	28
	(10)	54

太わくの部分は必ず記入してください。

ここにバーコードシールをはってください。

ふりがな		受検番号
姓	名	—
生年月日	大正 昭和 平成 西暦 年 月 日生	
性別（□をぬりつぶしてください）男□ 女□		年齢 歳
住所	□□□-□□□□	/20

公益財団法人 日本数学検定協会

2	(11)	2
	(12)	4 (こ)
3	(13)	6 (時) 40 (分)
	(14)	8 (時) 54 (分)
4	(15)	42 (本)
	(16)	(しき) 6＋3＝9 7×9＝63 (答え) 63 (本)
5	(17)	㋓ と ㋗
	(18)	㋑ と ㋕
6	(19)	㋐
	(20)	㋒

算数検定　解答　第5回　10級

1	(1)	12
	(2)	9
	(3)	90
	(4)	41
	(5)	3
	(6)	121
	(7)	29
	(8)	543
	(9)	36
	(10)	42

ここにバーコードシールをはってください。

太わくの部分は必ず記入してください。

ふりがな		受検番号
姓	名	—
生年月日	大正 昭和 平成 西暦　年　月　日生	
性別（□をぬりつぶしてください）男□　女□		年齢　歳
住所	□□□-□□□□	/20

公益財団法人 日本数学検定協会

2	(11)	53
	(12)	73
3	(13)	8 (時) 32 (分)
	(14)	12 (時) 58 (分)
4	(15)	(しき) 8×7＝56 (答え) 56 (こ)
	(16)	29 (こ)
5	(17)	8 (つ)
	(18)	㋓
6	(19)	24
	(20)	27

算数検定 解答 第6回 10級

1	(1)	12
	(2)	5
	(3)	80
	(4)	75
	(5)	7
	(6)	150
	(7)	17
	(8)	772
	(9)	32
	(10)	63

ここにバーコードシールをはってください。

太わくの部分は必ず記入してください。

ふりがな		受検番号
姓	名	—
生年月日	大正 昭和 平成 西暦 年 月 日生	
性別（□をぬりつぶしてください）男□ 女□		年齢 歳
住所	□□□-□□□□	/20

公益財団法人 日本数学検定協会

問題	番号	答え
2	(11)	37
	(12)	72
3	(13)	㋒
	(14)	㋑
4	(15)	3 (cm) 3 (mm)
	(16)	4 (cm) 6 (mm)
5	(17)	三角形 2 (つ) 四角形 2 (つ)
	(18)	(れい) 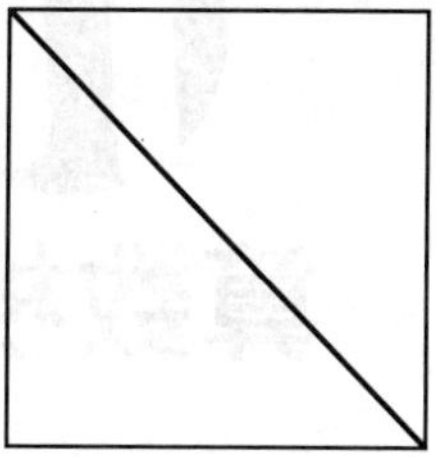
6	(19)	5 (こ)
	(20)	21 (こ)

算数検定